私《わたし》たち人《にん》間《げん》の赤《あか》ちゃんは、
ママやパパに
手《て》をかけてもらいながら、
安《あん》全《ぜん》な環《かん》境《きょう》で育《そだ》てられます。
では、野《や》生《せい》のどうぶつの赤《あか》ちゃんは
どうでしょうか？　聞《き》いてみたら…

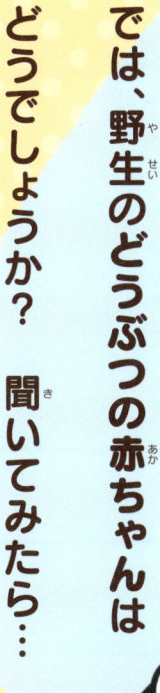

一《ひと》言《こと》でいうと、生《い》き残《のこ》るのは

とっても
たいへん!!

僕《ぼく》なんて4日《か》間《かん》しか
おっぱいを飲《の》めないから、
すぐにひとり立《だ》ちしないと
いけないんだ

私《わたし》なんてママに
毎《まい》回《かい》うんこを舐《な》めとって
もらわないと、
すぐに敵《てき》に見《み》つけられちゃう

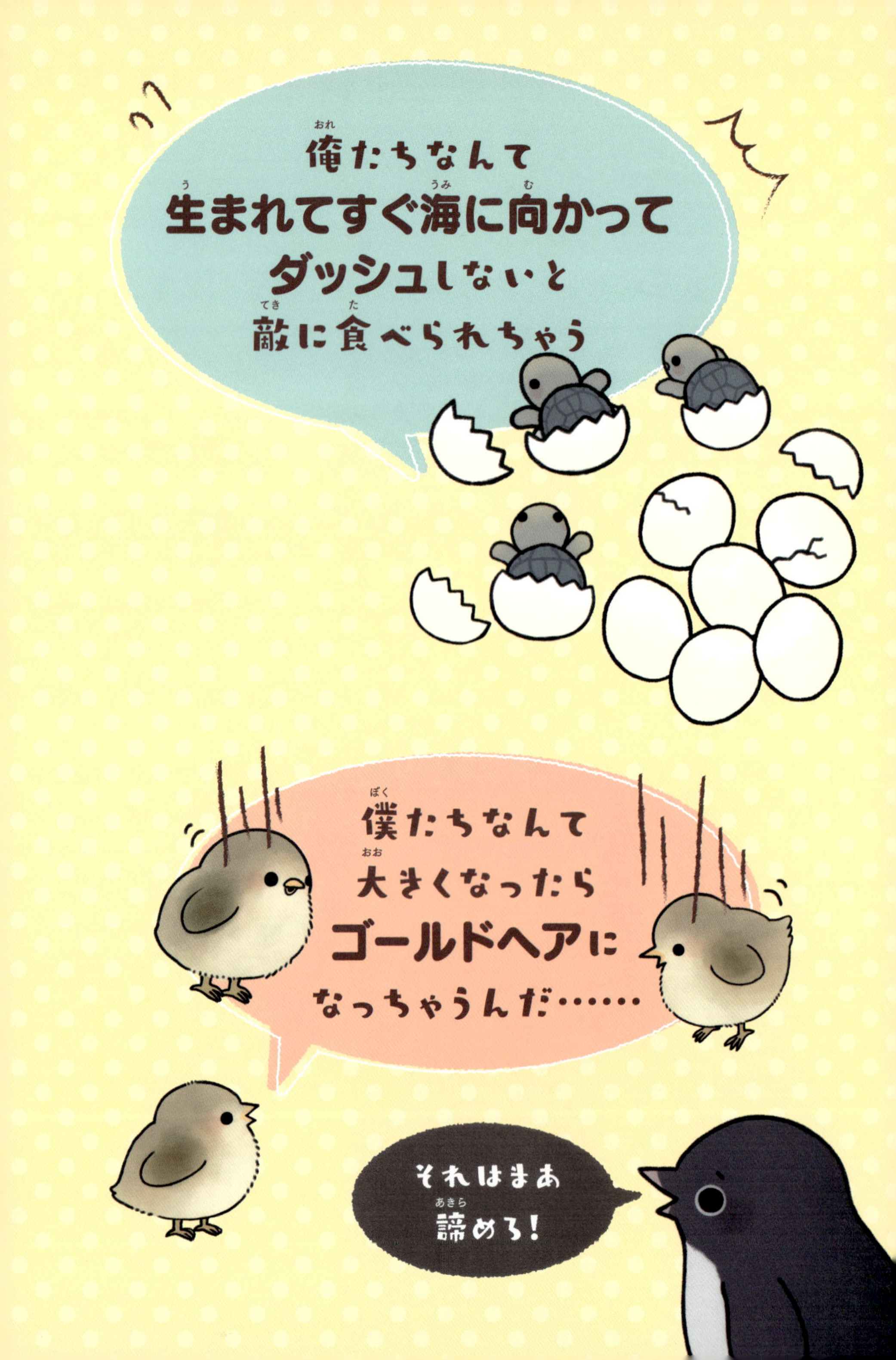
俺《おれ》たちなんて生《う》まれてすぐ海《うみ》に向《む》かってダッシュしないと敵《てき》に食《た》べられちゃう
僕《ぼく》たちなんて大《おお》きくなったらゴールドヘアになっちゃうんだ……
それはまあ諦《あきら》めろ！

というわけで、みんなそれでもがんばって
生《い》き抜《ぬ》いて進化《しんか》してきたのです。

僕《ぼく》は森《もり》に
とけこむ水玉《みずたま》模様《もよう》を
しているから、敵《てき》に
見《み》つかりにくいんだよ

ほかにも僕《ぼく》ら
どうぶつの赤《あか》ちゃんたちは、
生《い》き抜《ぬ》いていくための
いろいろなしくみが
あるんだ!

それじゃあ、
一緒《いっしょ》に見《み》にいって
みよう!

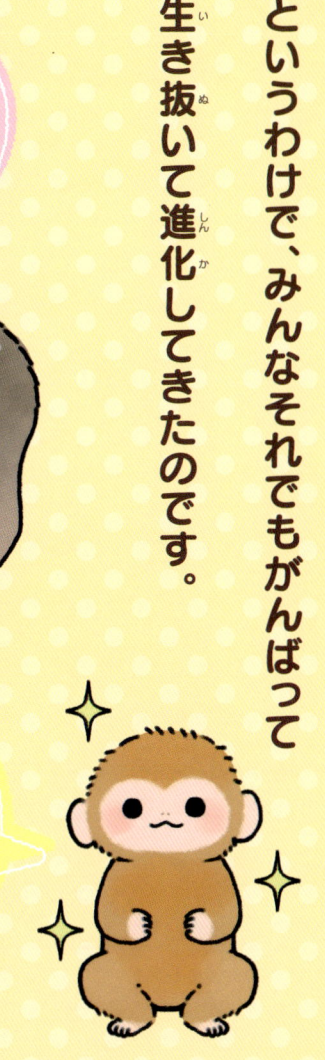

はじめに

今《いま》、この本《ほん》を手《て》に取《と》っているみなさんは昔《むかし》、**必《かなら》ず〝赤《あか》ちゃん〟**でした。「オギャー！」とお腹《なか》の中《なか》から生《う》まれ、パパとママに見守《みまも》られながらすくすくと育《そだ》ってきたからこそ、みなさんは今《いま》、ここに生《い》きているわけです。

どうぶつもみなさんと同《おな》じく、最初《さいしょ》はみんな赤《あか》ちゃんとして生《う》まれます。ヒトのようにママのお腹《なか》の中《なか》から生《う》まれるどうぶつの赤《あか》ちゃん、硬《かた》い卵《たまご》から孵《かえ》るどうぶつの赤《あか》ちゃんなど、種類《しゅるい》によって生《う》まれ方《かた》はさまざま。彼《かれ》らは過酷《かこく》な自然環境《しぜんかんきょう》の中《なか》で、いかに自分《じぶん》たちの子孫《しそん》を残《のこ》していくかに重点《じゅうてん》をおき、**進化《しんか》を繰《く》り返《かえ》しながら**

今日《こんにち》まで命《いのち》をつないできたのです。

そんなどうぶつの赤《あか》ちゃんたちの生態《せいたい》には、**クセの強《つよ》い（!?）〝どんまいな一面《いちめん》〟**がたくさん隠《かく》されています。思《おも》わずクスッと笑《わら》ってしまうようなおマヌケな習性《しゅうせい》も、ついつい「がんばれ！」と応援《おうえん》したくなってしまう愛《あい》らしいエピソードもこの本《ほん》では紹介《しょうかい》しています。たくましく生《い》き抜《ぬ》こうとがんばるその姿《すがた》は、私《わたし》たちに生命《せいめい》の大《たい》切《せつ》さと不思議《ふしぎ》を教《おし》えてくれるのです。

さあ、どんまいなどうぶつの赤《あか》ちゃんたちの秘密《ひみつ》を一《いっ》緒《しょ》に探《さぐ》りにいきましょう。

もくじ

第《だい》3章《しょう》
華麗《かれい》なるビフォーアフター!
変化《へんか》を遂《と》げるどんまいな赤《あか》ちゃん

第《だい》4章《しょう》 生《う》まれてくれてありがとう！ 生《う》まれ方《かた》がどんまいな赤《あか》ちゃん

それでもがんばる！

どんまいな
赤《あか》ちゃんどうぶつ図《ず》鑑《かん》

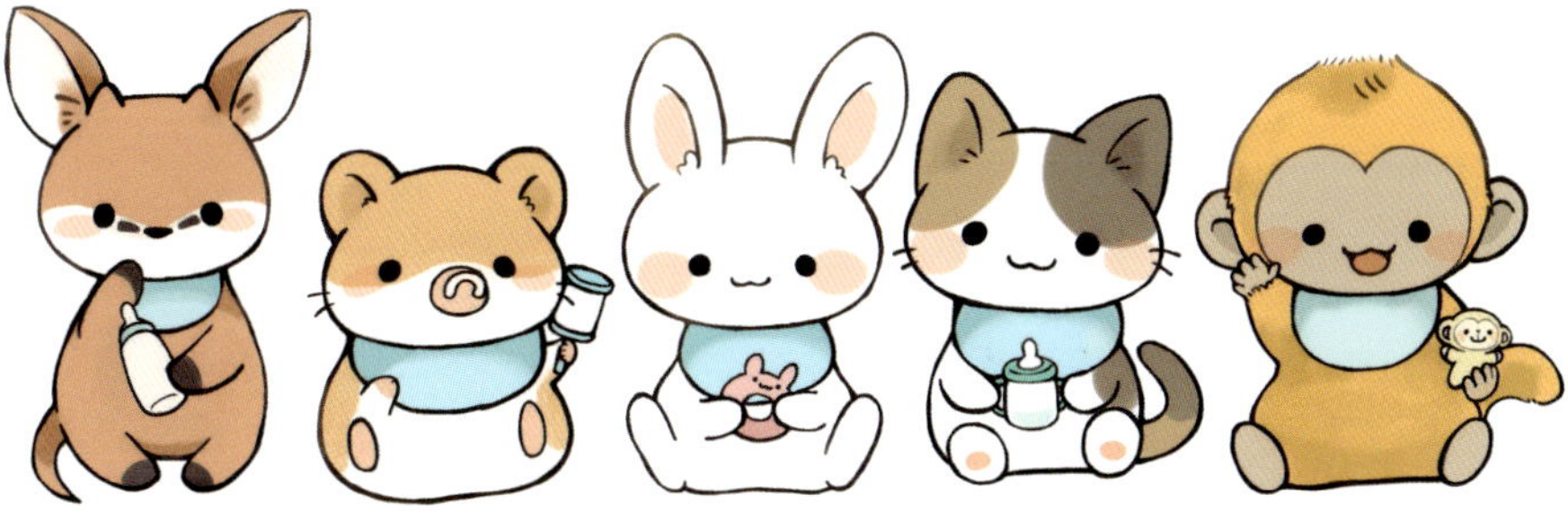

今泉忠明
監修

宝島社

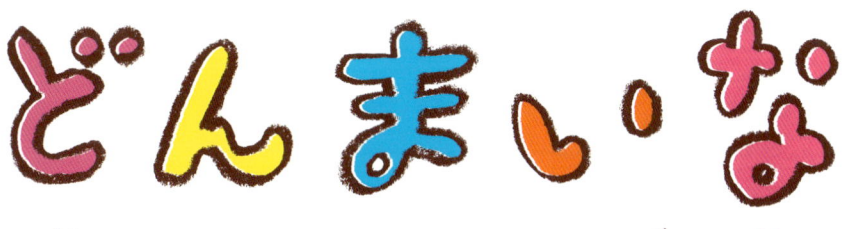

第《だい》1章《しょう》

パパとママが大好《だいす》き!
甘《あま》えん坊《ぼう》でどんまいな赤《あか》ちゃん

私《わたし》たち人間《にんげん》と同《おな》じように、
どうぶつの赤《あか》ちゃんたちもパパとママが大好《だいす》きです!
愛情《あいじょう》たっぷりに育《そだ》てられるどうぶつの赤《あか》ちゃんたちの生態《せいたい》を
のぞきにいきましょう。

アフリカレンカクの赤《あか》ちゃんはパパの体《からだ》にあえて挟《はさ》まっている

サハラ砂漠《さばく》より南《みなみ》にあるアフリカ大陸《たいりく》の水辺《みずべ》に暮《く》らすアフリカレンカク。長《なが》い足《あし》の指《ゆび》を使《つか》って体重《たいじゅう》を分散《ぶんさん》させ、スイレンなどの水草《みずくさ》の上《うえ》を歩《ある》きまわって昆虫《こんちゅう》などを食《た》べます。

アフリカレンカクは、パパが子育《こそだ》てをします。ママはパパより体《からだ》が大《おお》きく、卵《たまご》を産《う》むと巣《す》から離《はな》れ、なわばりに敵《てき》が入《はい》ってくるのを追《お》い払《はら》う役目《やくめ》をするのでヒナの近《ちか》くにいないのです。

卵《たまご》から孵《かえ》ったヒナは、自分《じぶん》で食《た》べものを捕《と》ることはできますが、しばらくはパパのそばにいます。これは、まだ長《なが》い時間《じかん》は歩《ある》けないことが理由《りゆう》。そのためパパはヒナたちを翼《つばさ》と体《からだ》の間《あいだ》に挟《はさ》んで移動《いどう》するという独特《どくとく》の移動《いどう》スタイルを持《も》っています。そのほうがヒナたちも楽《らく》チンなのでしょうが、大《おお》きくなったヒナだと足《あし》がはみ出《だ》し、もはや別《べつ》のどうぶつに見《み》えてしまいます。

いきものデータ アフリカレンカク

学名《がくめい》 アクトフィロルニス・アフリカヌス

分類《ぶんるい》 鳥綱《ちょうこう》チドリ目《もく》レンカク科《か》

生息地《せいそくち》 熱帯《ねったい》

抱卵期間《ほうらんきかん》 約《やく》24日《にち》

産卵数《さんらんすう》 約《やく》3個《こ》

結《けっ》構《こう》重《おも》いな～
楽《らく》チンだね!
ねー!
パパの中《なか》、楽《らく》チン!

アナウサギの赤《あか》ちゃんはママの抜《ぬ》け毛《げ》ベッドで眠《ねむ》る

野山《のやま》に巣穴《すあな》を掘《ほ》って生活《せいかつ》するアナウサギ。このアナウサギをペットとして飼《か》いやすく改良《かいりょう》したウサギが「カイ（飼《か》い）ウサギ」と呼《よ》ばれます。

アナウサギのママは、出産前《しゅっさんまえ》になるとなぜかお腹《なか》の毛《け》が抜《ぬ》けやすくなります。生《う》まれたてのアナウサギの赤《あか》ちゃんは毛《け》がなく、ピンク色《いろ》の地肌《じはだ》は丸出《まるだ》し。無防備《むぼうび》な状態《じょうたい》のため、自分《じぶん》で寒《さむ》さを防《ふせ》げません。ここでママの抜《ぬ》け毛《げ》が大活躍《だいかつやく》！集《あつ》めてきた草《くさ》やハゲた毛《け》で作《つく》ったお手製《てせい》の抜《ぬ》け毛《げ》ベッドが、赤《あか》ちゃんにとってのふかふかの暖《あたた》かいベッド代《が》わりになります。ママのお腹《なか》の毛《け》がハゲたことで、寒《さむ》さから守《まも》られるのです。

かわいくてたまらないことを、「目《め》に入《い》れても痛《いた》くない」といいますが、アナウサギのママは、「毛《け》をむしりとっても痛《いた》くない」のかもしれません。

いきものデータ　アナウサギ

- **学名《がくめい》** オリクトラグス・クニクルス
- **分類《ぶんるい》** 哺乳綱《ほにゅうこう》ウサギ目《もく》ウサギ科《か》
- **生息地《せいそくち》** アルジェリア北部《ほくぶ》、スペイン、ポルトガル、モロッコ北部《ほくぶ》
- **妊娠期間《にんしんきかん》** 28〜33日《にち》
- **産仔数《さんしすう》** 5〜6匹《ひき》

あたたかい？
ハゲたかいがあったわ
うん、
ポカポカよ

コアラの赤《あか》ちゃんはのど飴《あめ》みたいな匂《にお》いがする

ミルクで育《そだ》つ期間《きかん》が終《お》わったコアラの赤《あか》ちゃんは、スーッとしたのど飴《あめ》のような香《かお》りがするそうです。これはのど飴《あめ》に使《つか》われるユーカリの匂《にお》いでしょう。にんにくを食《た》べた翌日《よくじつ》にヒトが臭《にお》いで悩《なや》むように、ユーカリを食《た》べるようになった赤《あか》ちゃんからはユーカリ臭《しゅう》がするのです。

ところで、ユーカリはじつは毒入《どくい》り。彼《かれ》らはこの毒《どく》を２ｍもの腸《ちょう》でゆっくりと解毒《げどく》するのですが、それには膨大《ぼうだい》なエネルギーと時間《じかん》を要《よう》します。また、ユーカリにはほぼ栄養《えいよう》がないので、体力《たいりょく》を温存《おんぞん》するために食《た》べているとき以外《いがい》はじっとしているか寝《ね》ているかのどちらか。

こんな面倒《めんどう》な葉《は》を食《た》べるようになったのは、彼《かれ》らのご先祖様《せんぞさま》が生存競争《せいぞんきょうそう》に負《ま》け、泣《な》く泣く木《き》の上《うえ》に登《のぼ》ったから。残念《ざんねん》なことに木《き》の上《うえ》にある毒入《どくい》りユーカリを食《た》べるしかなかったのです。

いきものデータ コアラ

- **学名《がくめい》** ファスコラルクトス・キネレウス
- **分類《ぶんるい》** 哺乳綱《ほにゅうこう》カンガルー目《もく》コアラ科《か》
- **生息地《せいそくち》** オーストラリア
- **妊娠期間《にんしんきかん》** 34〜36日《にち》
- **産仔数《さんしすう》** 1匹《ひき》

いい香《かお》り～
?
アレの匂《にお》いだわ

ラッコの赤《あか》ちゃんはほわほわすぎて海《うみ》に潜《もぐ》れない

生活《せいかつ》の大半《たいはん》を海《うみ》で過《す》ごすラッコですが、生《う》まれたばかりの赤《あか》ちゃんはどんまいなことに、浮《う》くことはできても潜《もぐ》ることはできません。赤《あか》ちゃんはふわふわの綿毛《わたげ》に包《つつ》まれています。この綿毛《わたげ》が空気《くうき》をたくさん含《ふく》んでいるため、海《うみ》に潜《もぐ》れないのです。

ママが食《た》べものを捕《と》りに海《うみ》に潜《もぐ》るときは、海面《かいめん》にぷかぷかと浮《う》かんで待《ま》ちます。そして、ママが戻《もど》ってくるとお腹《なか》の上《うえ》に乗《の》せられ、息《いき》を吹《ふ》きかけて温《あたた》めてもらう過保護《かほご》っぷり！

ラッコが暮《く》らす海《うみ》の水温《すいおん》は11℃以下《いか》。冷《ひ》えると死《し》に至《いた》ってしまうので濡《ぬ》れた毛《け》を乾《かわ》かしてもらうのです。このように、一人《いちにん》前《まえ》になるまではママに甘《あま》えっぱなし。まさに足《あし》を向《む》けて寝《ね》られない状態《じょうたい》ですが、乳首《ちくび》はママの脚《あし》の付《つ》け根《ね》にあるため、このときだけはママにお尻《しり》を向《む》けることになります。

いきものデータ ラッコ

- 学名《がくめい》　エンヒドゥラ・ルトゥリス
- 分類《ぶんるい》　哺乳綱食肉《ほにゅうこうしょくにく》目イタチ科《か》
- 生息地《せいそくち》　アメリカ、ロシア、カナダ
- 妊娠期間《にんしんきかん》　6～9カ月《げつ》
- 産仔数《さんしすう》　1頭《とう》

ぷかぷか
ほっといても沈《しず》まないから安《あん》心《しん》よ!
乾《かわ》かしてあげなきゃ
フーフー

ザトウクジラの赤《あか》ちゃんはかなり飲《の》んべえ

ザトウクジラの赤《あか》ちゃんは、体長《たいちょう》4・6m、体重《たいじゅう》1・3トンという超《ちょう》ド級《きゅう》ダイナマイトボディで生《う》まれてきます。

家庭用《かていよう》の大型冷蔵庫《おおがたれいぞうこ》レベルで生《う》まれれば、ママのおっぱいを飲《の》む量《りょう》もメガトン級《きゅう》。なんと、平均《へいきん》して1日《にち》に600ℓものおっぱいを飲《の》むのです。これは、ヒトのお風呂《ふろ》3つ分《ぶん》！　赤《あか》ちゃんの体重《たいじゅう》は、ヒトの約《やく》433倍《ばい》（※）なので、かなりの〝飲《の》んべえ〟。

ヒトの赤《あか》ちゃんは、1日《にち》に約《やく》200mℓを5回《かい》ほどに分《わ》けて飲《の》むので、1日《にち》に飲《の》む量《りょう》は約《やく》1ℓ。クジラの赤《あか》ちゃんはその600倍《ばい》になります。膨大《ぼうだい》なミルク量《りょう》を出《だ》しているママの苦労《くろう》を心《しん》配《ぱい》してしまいますが、大人《おとな》のザトウクジラの体長《たいちょう》は約《やく》14m。おおよそ4階建《かいだて》ビルと同《おな》じ大《おお》きさのママであれば、お風呂《ふろ》3つ分《ぶん》のおっぱいを出《だ》すのも納得《なっとく》です。

いきものデータ　ザトウクジラ

- 学名《がくめい》　メガプテラ・ノヴァエアングリアエ
- 分類《ぶんるい》　哺乳綱《ほにゅうこう》クジラ目《もく》ヒゲクジラ亜目《あもく》ナガスクジラ科《か》
- 生息地《せいそくち》　南極周辺《なんきょくしゅうへん》
- 妊娠期間《にんしんきかん》　約《やく》1年《ねん》
- 産仔数《さんしすう》　1頭《とう》

※人間《にんげん》の赤《あか》ちゃんの体重《たいじゅう》を3000gと考《かんが》えたとき

こりゃ、大《おお》きく
なるわけだな～
もっともっと～！
毎日《まいにち》ヒトのお風呂《ふろ》、
3個《こ》分《ぶん》の授《じゅ》乳《にゅう》って
大《たい》変《へん》よ

トムソンガゼルの赤《あか》ちゃんはママのおかげでうんこ臭《くさ》くない

　トムソンガゼルがすむアフリカには、肉食《にくしょく》のチーターやライオンなど天敵《てんてき》がたくさんいるため、大人《おとな》のように速く走《はし》れない赤《あか》ちゃんは見《み》つかった瞬間《しゅんかん》、ジ・エンド。そのため、ママは赤《あか》ちゃんをくまなく舐《な》めて無臭《むしゅう》の状態《じょうたい》にします。臭《にお》いがせず、動《うご》かなければ天敵《てんてき》に見《み》つからないため、赤《あか》ちゃんの体《からだ》を草原《そうげん》に隠《かく》し、ママは離《はな》れて草《くさ》を食《た》べに行《い》けるのです。

　おっぱいをあげに戻《もど》ってきては、ママは赤《あか》ちゃんのお尻《しり》をペロペロ。おしっこやうんこもすべてきれいに舐《な》めとります。ちなみに、日本《にっぽん》にいるシカやカモシカなどの草食動物《そうしょくどうぶつ》の赤《あか》ちゃんもママにうんこを舐《な》めとってもらっているため無臭《むしゅう》だそう。

　それにしても、自分《じぶん》の赤《あか》ちゃんとはいえ、お尻《しり》を舐《な》めるなんて、愛情《あいじょう》がないとできないこと。ママの愛《あい》、あっぱれです！

いきものデータ　トムソンガゼル

学名《がくめい》	ユードルカス・トムソニイ
分類《ぶんるい》	哺乳綱偶蹄目《ほにゅうこうぐうていもく》ウシ科《か》
生息地《せいそくち》	ケニア、タンザニア、スーダン
妊娠期間《にんしんきかん》	約《やく》188日《にち》
産仔数《さんしすう》	1頭《とう》

無臭《むしゅう》だ!
今日《きょう》もカンペキに舐《な》めてやったわ!

ゾウの赤《あか》ちゃんは自分《じぶん》の鼻《はな》がじゃまだと思《おも》っている

ゾウの鼻《はな》はなぜ長《なが》いのでしょうか？　頭《あたま》でっかちのゾウは前《まえ》足《あし》を畳《たた》んで屈《かが》むのが大変《たいへん》。そこで、鼻《はな》と上唇《うわくちびる》を合体《がったい》させて伸《の》ばし自由《じゆう》に操《あやつ》れる長《なが》い鼻《はな》を手《て》に入《い》れたという説《せつ》や、水中《すいちゅう》で暮《く》らしていた祖先《そせん》が鼻《はな》を空中《くうちゅう》に出《だ》して呼吸《こきゅう》しやすいようにしたなどの説《せつ》が考《かんが》えられています。

長《なが》い鼻《はな》は物《もの》をつまんだり、水《みず》を吸《す》い上《あ》げて飲《の》んだりできる万《ばん》能《のう》なもの。しかし、**生《う》まれたばかりの赤《あか》ちゃんは、自分《じぶん》の鼻《はな》の使《つか》い方《かた》がわかりません**。ママのおっぱいも直接口《ちょくせつくち》から飲《の》むので、**ハッキリ言《い》って鼻《はな》はじゃま**。「なんじゃこれは？」と、時《とき》には自《じ》分《ぶん》で踏《ふ》んづけてしまい、悲鳴《ひめい》をあげることもあるようです。

ヒトの赤《あか》ちゃんが指《ゆび》をしゃぶるように、時《とき》にはゾウも鼻《はな》をしゃぶり、感覚《かんかく》や使《つか》い方《かた》を学《まな》びながらだんだんと鼻《はな》を使《つか》いこなせるようになっていくのです。

いきものデータ　アフリカゾウ

学名《がくめい》　ロクソドンタ・アフリカナ
分類《ぶんるい》　哺乳綱長鼻目《ほにゅうこうちょうびもく》ゾウ科《か》
生息地《せいそくち》　アフリカ全域《ぜんいき》
妊娠期間《にんしんきかん》　22カ月《げつ》
産仔数《さんしすう》　1頭《とう》

なんだこの
長《なが》いものは?
じゃまだから
しまっておくか

どんまい度《ど》

フクロモモンガの赤《あか》ちゃんは2カ月《げつ》半《はん》おっぱいに吸《す》い付《つ》きっぱなし

大《おお》きな瞳《ひとみ》のフクロモモンガは、モモンガと同《おな》じように前脚《まえあし》と後《うし》ろ脚《あし》の間《あいだ》の飛膜《ひまく》を広《ひろ》げて飛《と》ぶことができます。しかしモモンガの仲間《なかま》ではなく、お腹《なか》の袋《ふくろ》の中《なか》で赤《あか》ちゃんを育《そだ》てるカンガルーなどの仲間《なかま》です。

フクロモモンガの赤《あか》ちゃんは、未熟児《みじゅくじ》で生《う》まれ、ママの袋《ふくろ》の中《なか》にあるおっぱいに吸《す》い付《つ》いたらそのまま約《やく》2カ月《げつ》半《はん》も吸《す》い付《つ》いたままで過《す》ごします。赤《あか》ちゃんが乳首《ちくび》を口《くち》にすると、乳首《ちくび》がぷくっとふくらみ、口《くち》から抜《ぬ》けにくくなります。乳首《ちくび》の先端《せんたん》は、赤《あか》ちゃんの喉《のど》の奥《おく》の食道《しょくどう》にまで届《とど》いているので、赤《あか》ちゃんに吸《す》い付《つ》く力《ちから》がなくても抜《ぬ》けることはありません。食道《しょくどう》まで到達《とうたつ》しているなんてゲロッと吐《は》きそうに思《おも》ってしまいますが、赤《あか》ちゃんにとってはとっても安心《あんしん》。生《う》まれてからずーっとママと一心《いっしん》同体《どうたい》なのです。

いきものデータ　フクロモモンガ

学名《がくめい》	ペタウルス・ブレヴィケプス
分類《ぶんるい》	哺乳綱《ほにゅうこう》カンガルー目《もく》フクロモモンガ科《か》
生息地《せいそくち》	オーストラリア北部《ほくぶ》、タスマニア島《とう》
妊娠期間《にんしんきかん》	約《やく》17日《にち》
産仔数《さんしすう》	1～2匹《ひき》

こう見《み》えて
子《こ》育《そだ》て中《ちゅう》よ
乳首《ちくび》にしっかり
吸《す》い付《つ》いています!

オカピの赤《あか》ちゃんは生《う》まれてから数十日間《すうじゅうにちかん》うんこをしない

オカピは脚《あし》のシマ模様《もよう》の美《うつく》しさから「森《もり》の貴婦人《きふじん》」とも呼《よ》ばれています。よくウマやシマウマの仲間《なかま》だと思《おも》われがちですが、じつはキリンの仲間《なかま》です。

オカピの赤《あか》ちゃんの子育《こそだ》ては超楽《ちょうらく》チン。その理由《りゆう》は、ママのおっぱいの栄養価《えいようか》が非常《ひじょう》に高《たか》いため、おっぱいを与《あた》えるのは1日《にち》に1回程度《かいていど》でOKだから。1日《にち》に5回母乳《かいぼにゅう》を与《あた》えるヒトと比《くら》べてもまったく手《て》がかかりません。

このスーパーおっぱいのおかげで、オカピの赤《あか》ちゃんは生《う》まれてから約《やく》20～30日間《にちかん》はうんこをしません。最初《さいしょ》に飼育《しいく》した人《ひと》は「便秘《べんぴ》なのでは？」と心配《しんぱい》したはずですが、栄養満点《えいようまんてん》のおっぱいを赤《あか》ちゃんの体《からだ》がすべて吸収《きゅうしゅう》してしまうので、排泄物《はいせつぶつ》、つまりうんこが出《で》ないのです。

うんこをしないので、うんこ臭《しゅう》で敵《てき》に見《み》つかる危険《きけん》もありません。うまくできていますね。

いきものデータ オカピ

学名《がくめい》 オカピア・ヨンストニ
分類《ぶんるい》 哺乳綱偶蹄目《ほにゅうこうぐうていもく》キリン科《か》
生息地《せいそくち》 コンゴ共和国《きょうわこく》
妊娠期間《にんしんきかん》 15カ月《げつ》
産仔数《さんしすう》 1頭《とう》

出《で》ないものは
出《で》ないのよ
生《せい》後《ご》30日《にち》…
どっさり！

ネコの赤《あか》ちゃんはママがお風呂《ふろ》に入《はい》ると困《こま》っちゃう

ネコの赤《あか》ちゃんは生後《せいご》10日《か》くらいまで目《め》が開《あ》きませんが、本《ほん》能的《のうてき》に匂《にお》いと温《あたた》かみによってママの乳首《ちくび》に到達《とうたつ》します。

ママの乳首《ちくび》は4対《つい》8個《こ》（種類《しゅるい》によっては6～12個《こ》）。赤《あか》ちゃんは目《め》が見《み》えるようになるまでは、いつも同《おな》じ乳首《ちくび》からおっぱいを吸《す》います。赤《あか》ちゃんは爪《つめ》を引《ひ》っ込《こ》めることができないので、乳首争奪戦《ちくびそうだつせん》が起《お》こったら一大事《いちだいじ》。傷《きず》だらけになってしまうため、自分専用乳首《じぶんせんようちくび》を決《き》めておき、平《へい》和《わ》におっぱいを飲《の》みます。それぞれの乳首《ちくび》は匂《にお》いや舌触《したざわ》りが違《ちが》うので、目《め》が見《み》えなくても匂《にお》いや舌《した》の感触《かんしょく》で自分《じぶん》の乳首《ちくび》がわかるようになっているのです。

しかし、ママがお風呂《ふろ》に入《はい》ってしまうと大変《たいへん》。匂《にお》いなどの自《じ》分印《ぶんじるし》が消《き》え、赤《あか》ちゃんは乳首《ちくび》を見失《みうしな》ってしまいます。出産直後《しゅっさんちょくご》のママはお風呂《ふろ》に入《はい》らないほうが赤《あか》ちゃんのためなのです。

いきものデータ　イエネコ

学名《がくめい》	フェリス・シルヴェストゥリス・カトゥス
分類《ぶんるい》	哺《ほ》乳《にゅう》綱《こう》食《しょく》肉《にく》目《もく》ネコ科《か》
生息地《せいそくち》	世界中《せかいじゅう》
妊娠期間《にんしんきかん》	約《やく》65日《にち》
産仔数《さんしすう》	2～6匹《ひき》

ママ、絶対《ぜったい》お風呂《ふろ》入《はい》ったね
どうしよ、おっぱい
わかんなくなった
カモーン!
気持《きも》ちよかったな～

ケイブクレイフィッシュの赤《あか》ちゃんの親《おや》はもはやおじいちゃんとおばあちゃん

ケイブクレイフィッシュはアメリカの洞窟《どうくつ》の中《なか》にすむ透明《とうめい》なザリガニです。真《ま》っ暗《くら》な洞窟《どうくつ》の中《なか》にいるため、目《め》は見《み》えません。その代《か》わりに長《なが》い触覚《しょっかく》で周囲《しゅうい》を触《さわ》って確認《かくにん》します。

彼《かれ》らは175歳《さい》まで生《い》きたという記録《きろく》があるほど長生《ながい》き。当《とう》然《ぜん》、子《こ》どもが産《う》めるようになるまでにも長《なが》い歳月《さいげつ》がかかり、**パパママデビューは100歳《さい》から！** 赤《あか》ちゃんにとっての親《おや》はもはやおじいちゃんとおばあちゃんレベルなのです。

気《き》の遠《とお》くなる話《はなし》ですが、彼《かれ》らの世界《せかい》では100歳《さい》は若者《わかもの》の部《ぶ》類《るい》。長生《ながい》きの理由《りゆう》の1つには、**なるべくエネルギーを使《つか》わず、代謝《たいしゃ》を抑《おさ》えているから**という説《せつ》があります。食《た》べもののプランクトンが少《すく》ない厳《きび》しい洞窟《どうくつ》で生《い》き抜《ぬ》くために動《うご》かずにいたら、成長《せいちょう》のスピードが恐《おそ》ろしいほど遅《おそ》くなってしまったのでしょう。

いきものデータ ケイブクレイフィッシュ

- **学名《がくめい》** オルコネクテス・アウストゥラリス
- **分類《ぶんるい》** 甲《こう》殻《かく》綱《こう》十脚《じゅっきゃく》目《もく》アメリカザリガニ科《か》
- **生息地《せいそくち》** アメリカの洞窟《どうくつ》
- **抱卵期間《ほうらんきかん》** 数《すう》カ月《げつ》
- **産卵数《さんらんすう》** 数十個《すうじゅっこ》

我《わ》が子《こ》や……どこにいるんだい？
ここだよ…おじいちゃ…あ、パパだった…

ホホジロザメの赤《あか》ちゃんはお腹《なか》の中《なか》でミルクをかぶってまっしろけ!?

イルカやアシカなどを食《た》べる最強《さいきょう》の捕食魚《ほしょくぎょ》と名高《なだか》いホホジロザメ。そんなホホジロザメですが、最近《さいきん》の研究《けんきゅう》（※）では、赤《あか》ちゃんが、栄養《えいよう》たっぷりのママのミルクを飲《の》んで育《そだ》っていることが判明《はんめい》しました。そのミルクを飲《の》んでいる場所《ばしょ》というのがなんとママの子宮《しきゅう》の中《なか》だったのです！

サメは卵《たまご》を産《う》む卵生《らんせい》と、赤《あか》ちゃんを産《う》む卵胎生《らんたいせい》に分《わ》けられますが、ホホジロザメは卵《たまご》を胎内《たいない》で孵化《ふか》させてから赤《あか》ちゃんを産《う》む卵胎生《らんたいせい》。

調査《ちょうさ》によると、妊娠初期《にんしんしょき》のホホジロザメのママは子宮《しきゅう》の内壁《ないへき》から大量《たいりょう》のミルク状液体《じょうえきたい》を分泌《ぶんぴつ》させ、赤《あか》ちゃんに与《あた》えているといいます。赤《あか》ちゃんたちは文字《もじ》通《どお》り、お腹《なか》の中《なか》ではミルクまみれ。まっしろになりながら、すくすくと育《そだ》ち、1・3～1・5mと大《おお》きな体《からだ》で生《う》まれるのです。

いきものデータ ホホジロザメ

学名《がくめい》	カルカロドン・カルカリアス
分類《ぶんるい》	軟骨魚綱《なんこつぎょこう》ネズミザメ目《もく》ネズミザメ科《か》
生息地《せいそくち》	世界中《せかいじゅう》の海《うみ》
妊娠期間《にんしんきかん》	約《やく》11～18カ月《げつ》
産仔数《さんしすう》	2～15尾《び》

※沖縄美《おきなわちゅ》ら島財団総合研究《しまざいだんそうごうけんきゅう》センターの研究《けんきゅう》より

子宮《しきゅう》の中《なか》で
子《こ》育《そだ》て子《こ》育《そだ》て～
おいしい
おいしいね～
子宮《しきゅう》ミルク
ミルク
まみれや～

ナマケグマの赤《あか》ちゃんは子《こ》どもの頃《ころ》からなまけている!?

インドなどの森《もり》にすむナマケグマ。「ナマケ」とありますが、決《けっ》してなまけているわけではありません。木登《きのぼ》りが得意《とくい》で、長《なが》い爪《つめ》を使《つか》って木《き》の枝《えだ》にぶら下《さ》がることも可能《かのう》。夜行性《やこうせい》なので、昼間《ひるま》の眠《ねむ》っている姿《すがた》がナマケモノに似《に》ているために勝手《かって》に名《な》づけられてしまったという、どんまいなどうぶつなのです。

ナマケグマは、クマなのに母《はは》グマが子《こ》グマを背中《せなか》に乗《の》せて運《はこ》ぶ様子《ようす》がよく見《み》られます。背中《せなか》に乗《の》せていれば、敵《てき》に赤《あか》ちゃんがいることを気《き》づかれにくく、素早《すばや》く逃《に》げられるというメリットがあります。

しかし、子《こ》グマが自分《じぶん》から母《はは》グマの長《なが》い毛《け》をつかんで背中《せなか》によじ登《のぼ》る姿《すがた》を見《み》ると、楽《らく》に移動《いどう》できる手段《しゅだん》として母《はは》グマを利用《りよう》しているように見《み》えなくもありません。あれ？　本当《ほんとう》はなまけているのかも!?

いきものデータ　ナマケグマ

- 学名《がくめい》　メルウルスス・ウルシヌス
- 分類《ぶんるい》　哺乳綱食肉目《ほにゅうこうしょくにくもく》クマ科《か》
- 生息地《せいそくち》　インド、スリランカ
- 妊娠期間《にんしんきかん》　6～7カ月《げつ》
- 産仔数《さんしすう》　1～3頭《とう》

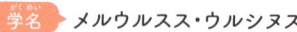

僕《ぼく》も乗《の》りた〜い!
歩《ある》くのめんど
めんどい
こっちも面倒《めんどう》だよう。あ、アリだ!食《く》っとくか〜

ディスカスの赤《あか》ちゃんはネバネバミルクを飲《の》んで育《そだ》つ

南《みなみ》アメリカのアマゾン川《がわ》にいる淡水魚《たんすいぎょ》で、その美《うつく》しさから「熱《ねっ》帯魚《たいぎょ》の王様《おうさま》」と呼《よ》ばれるディスカス。1度《ど》に50〜300個《こ》ほど産卵《さんらん》し、夫婦《ふうふ》で子育《こそだ》てします。

卵《たまご》は3〜4日《にち》で孵《かえ》り、しばらくすると赤《あか》ちゃんが親魚《しんぎょ》にまとわりつくように泳《およ》ぎ始《はじ》めます。このとき、親魚《しんぎょ》の体《からだ》からは「ディスカスミルク」と呼《よ》ばれるネバネバした液体《えきたい》が出《で》ています。「ミルク」といっても白《しろ》くはなく透明《とうめい》。親魚《しんぎょ》の体《からだ》が黒《くろ》ずんできたらネバネバミルクが出《で》ている証拠《しょうこ》です。なんとオスからもミルクは出《で》るので、夫婦《ふうふ》で交互《こうご》に与《あた》えることが可能《かのう》。パパからもおっぱいが出《で》るなんて、なんてイクメンなんでしょう!

このディスカスミルクは、免《めん》疫力《えきりょく》を高《たか》める成分《せいぶん》が含《ふく》まれた優《ゆう》秀《しゅう》なたんぱく質《しつ》で、これを飲《の》んだ赤《あか》ちゃんは成長《せいちょう》も早《はや》く、健康《けんこう》に育《そだ》つといわれています。

いきものデータ　ディスカス

- 学名《がくめい》 シュムピュソドン
- 分類《ぶんるい》 条鰭綱《じょうきこう》スズキ目《もく》カワスズメ科《か》
- 生息地《せいそくち》 南《みなみ》アメリカ
- 孵化日数《ふかにっすう》 3〜4日《にち》
- 産卵数《さんらんすう》 50〜300個《こ》

ネバネバ
やで!
乗《の》り遅《おく》れた!
ごはんだ
ごはん〜
ボクも〜
ごはん
パクパク
それミルクじゃな〜い!
ヒレよ!

どんまい度《ど》

オオフルマカモメの赤《あか》ちゃんはママが食《た》べた死《し》骸《がい》ゲロがごはん

南極大陸《なんきょくたいりく》などに暮《く》らすオオフルマカモメ。名前《なまえ》に「カモメ」と入《はい》っていますが、カモメではなくミズナギドリの仲間《なかま》です。

驚《おどろ》きなのは彼《かれ》らのごはん。死《し》んだアザラシやクジラなどの肉《にく》をモリモリ食《た》べる死肉食者《しにくしょくしゃ》なのです。たまに、ペンギンのヒナや卵《たまご》を襲《おそ》って食《た》べることもあります。

卵《たまご》は約《やく》2カ月《げつ》で孵《かえ》り、巣立《すだ》つまでの3～4カ月間《げつかん》、ヒナは親《おや》からごはんをもらいますが、このごはんがかなりどんまい。死《し》肉《にく》をモリモリ食《た》べた親《おや》が吐《は》き戻《もど》すゲロなのです。ヒトにとってゲロは最低《さいてい》の存在《そんざい》ですが、鳥類《ちょうるい》は嗅覚《きゅうかく》がほとんど発達《はったつ》していないのでノープロブレム。いたって普通《ふつう》にゲロを赤《あか》ちゃんに食《た》べさせます。ゲロだけに、半分消化《はんぶんしょうか》されていて離乳食《りにゅうしょく》にはぴったり。だけど、もっとおいしいものが、ほかにもあるはずなのに……？

いきものデータ オオフルマカモメ

- 学名《がくめい》 マクロネクテス・ギガンテウス
- 分類《ぶんるい》 鳥綱《ちょうこう》ミズナギドリ目《もく》ミズナギドリ科《か》
- 生息地《せいそくち》 南半球《みなみはんきゅう》
- 妊娠期間《にんしんきかん》 約《やく》55～66日《にち》
- 産卵数《さんらんすう》 1個《こ》

死骸《しがい》食《た》べてきたわよ
ほら、口《くち》開《あ》けて。ゲロよ。
わーい、ごはんだ!
プ～ン
え～くっさ!
ゲロくっさいな!

賢《かしこ》い人《ひと》はみ〜んなやってる！

今月《こんげつ》のよちよちクラブ①

その離乳食《りにゅうしょく》、うんこであってますか？

創刊号《そうかんごう》となる赤《あか》ちゃん誌《し》『どんまいなよちよちクラブ』ですが、みなさんに感謝《かんしゃ》を込《こ》めてうんこ離乳食大特集《りにゅうしょくだいとくしゅう》をドドンと開催《かいさい》しちゃいます！

知《し》ってそうで知《し》らなかった！「糞食《ふんしょく》」のメリット

自分《じぶん》の、またはほかのいきもののうんこを食《た》べる行動《こうどう》を「糞食《ふんしょく》」と呼《よ》びます。どうやらヒトからは「なぜ、ほかにおいしいものがあるのにわざわざうんこを食《た》べるの？」と不思議《ふしぎ》に思《おも》われているようですが、**糞食《ふんしょく》の一番《いちばん》のメリットは、うんこの中《なか》に残《のこ》っている大切《たいせつ》な栄《えい》養素《ようそ》をくまなく摂取《せっしゅ》できること。**

また、ほかの食《た》べものから摂取《せっしゅ》できない栄《えい》養《よう》を取《と》り入《い》れられるのもナイスなポイントです。積極的《せっきょくてき》にうんこを摂取《せっしゅ》するウサギさんがいい例《れい》ですね。

うんこ離乳食《りにゅうしょく》は“おふくろの味《あじ》”！ 栄養《えいよう》も菌《きん》も一気《いっき》に摂取《せっしゅ》

うんこを食《た》べるのは赤《あか》ちゃんもしかり。種《しゅ》類《るい》にもよりますが、生《せい》後間《ごま》もないうちは「うんこ離乳食《りにゅうしょく》」がマストなのです。ママやパパのうんこを食《た》べることで、赤《あか》ちゃんに必要《ひつよう》な菌《きん》や栄《えい》養分《ようぶん》を体《からだ》にイン！ 新米《しんまい》ママは、恐《おそ》れずにうんこを食《た》べさせてみてくださいね！

ちなみに、腸《ちょう》に無数《むすう》に大腸菌《だいちょうきん》はいるのに、なぜかそれが口《くち》から入《はい》ると病《びょう》気《き》になるヒトというものもいます。

ヒトに生《う》まれたら、絶《ぜっ》対《たい》にうんこを食《た》べてはいけませんのでくれぐれも注意《ちゅうい》してくださいね（よちよちクラブ編集部《へんしゅうぶ》）

CASE《ケース》 STUDY《スタディ》

みんなはどうやってうんこ離乳食《りにゅうしょく》を食《た》べているの？
『どんまいなよちよちクラブ』のモニターさんたちに聞《き》いてみました！

バップを食《た》べた赤《あか》ちゃんの体重《たいじゅう》は2週間《しゅうかん》で2倍《ばい》になるんです。バップのおかげで、大《おお》きくなったときユーカリが食《た》べられるようにもなります（コアラ子《こ》さん談《だん》）

コアラの親子《おやこ》

コアラ子《こ》さんとコアラン君《くん》（生後《せいご》1カ月《げつ》）

バップと呼《よ》ばれるうんこは、ママの盲腸《もうちょう》で作《つく》られます。たんぱく質《しつ》などの栄養分《えいようぶん》、ユーカリの葉《は》を消化《しょうか》するのに必要《ひつよう》な微生物《びせいぶつ》や酵素《こうそ》、解毒剤《げどくざい》がたっぷり。

カバの親子《おやこ》

カバ美《み》さんとカバン君《くん》（生後《せいご》1週間《しゅうかん》）

カバの赤《あか》ちゃんがママのうんこを食《た》べるのは、消化酵素《しょうかこうそ》と腸内《ちょうない》細菌《さいきん》を摂取《せっしゅ》するため。草《くさ》を食《た》べるようになる頃《ころ》、消化《しょうか》を助《たす》けるためにうんこを食《た》べるのです。

たま～にママの私《わたし》が自分《じぶん》の赤《あか》ちゃんのうんこを食《た》べることや、自分《じぶん》で自分《じぶん》のうんこを食《た》べることもあるんです。うんこ大好《だいす》き（カバ美《み》さん談《だん》）

私《わたし》たちは代謝《たいしゃ》が高《たか》く内臓《ないぞう》が小《ちい》さいため、一度《いちど》だけでは食《た》べものを消化《しょうか》しきれません。だから改《あらた》めて消化《しょうか》し直《なお》すために大人《おとな》もうんこを食《た》べるんですよ～（ウサ美《み》さん談《だん》）

ウサギの親子《おやこ》

ウサ美《み》さんとウサ一郎君《いちろうくん》（生後《せいご》8週間《しゅうかん》）

ウサギの赤《あか》ちゃんは、生後《せいご》8週間《しゅうかん》の間《あいだ》に盲腸糞《もうちょうふん》と呼《よ》ばれるママのうんこを食《た》べます。今後《こんご》、うんこを食《た》べるため、うんこで腸内環境《ちょうないかんきょう》を整《ととの》えるのです。

第《だい》2章《しょう》

それでも生《い》きていく！
サバイバルなどんまいな赤《あか》ちゃん

野生《やせい》のどうぶつの赤《あか》ちゃんにとって、
大自然《だいしぜん》や過酷《かこく》な生存競争《せいぞんきょうそう》の中《なか》で生《い》き残《のこ》るのはとっても大変《たいへん》。
しかし、進化《しんか》の過程《かてい》で手《て》に入《い》れた“どんまいな経験《けいけん》”を武器《ぶき》に、
必死《ひっし》に生《い》き抜《ぬ》いていくのです。

ハムスターの赤《あか》ちゃんはかくれんぼがうますぎてママを困《こま》らせる

ペットとして人気《にんき》のハムスターは私《わたし》たちにとって馴染《なじ》み深《ぶか》いどうぶつですよね。しかし、彼《かれ》らは元来《がんらい》、ヨーロッパやアジアの沙漠《さばく》など乾燥地帯《かんそうちたい》の地面《じめん》にトンネルを掘《ほ》って暮《く》らしているネズミの仲間《なかま》です。だから、ハムスターの赤《あか》ちゃんにとって巣穴《すあな》だけが安全《あんぜん》と思《おも》える場所《ばしょ》。本能《ほんのう》的《てき》に外《そと》は危険《きけん》な場所《ばしょ》だと感《かん》じているため、巣穴《すあな》の外《そと》に出《で》たとき、狭《せま》い場所《ばしょ》を見《み》つけると閉《と》じこもる習性《しゅうせい》があります。

家族《かぞく》で巣穴《すあな》の外《そと》に出《で》ても、とにかく「やばい！　敵《てき》に見《み》つかるのを避《さ》けなきゃ！」という本《ほん》能《のう》が働《はたら》いてしまうため、あの手《て》この手《て》で隠《かく》れまくり。ハムスターのママは隠《かく》れた子《こ》どもたちを必死《ひっし》に探《さが》して巣穴《すあな》に連《つ》れ帰《かえ》るという余計《よけい》な仕事《しごと》をするハメになってしまいます。子《こ》どもたちに振《ふ》り回《まわ》されるのはヒトと変《か》わらず、大変《たいへん》なのですね。

いきものデータ　クロハラハムスター

- **学名《がくめい》** クリケトゥス・クリケトゥス
- **分類《ぶんるい》** 哺乳綱《ほにゅうこう》齧歯目《げっしもく》キヌゲネズミ科《か》
- **生息地《せいそくち》** ベルギーからヨーロッパ中部《ちゅうぶ》、シベリア西部《せいぶ》、ルーマニア南部《なんぶ》
- **妊娠期間《にんしんきかん》** 15～17日《にち》
- **産仔数《さんしすう》** 4～12匹《ひき》

ねえねえ早《はや》くー！巣《す》穴《あな》に帰《かえ》ろうよー！
ちょっと待《ま》ってなさい！ああ、ハム太《た》どこへ行《い》ったのかしら……
フフ、うまく隠《かく》れてやったぜよ…！

チベットモンキーの赤《あか》ちゃんは大人《おとな》の仲直《なかなお》りの道具《どうぐ》にされがち

オスもメスもヒゲが生《は》え、全《ぜん》身毛《しんけ》むくじゃらのチベットモンキー。サルのオスは普通《ふつう》、子《こ》どもを抱《だ》っこしませんが、チベットモンキーのオスは別《べつ》。赤《あか》ちゃんを抱《だ》いて面倒《めんどう》を見《み》たり、遊《あそ》び相手《あいて》になったりと子煩悩《こぼんのう》です。

ただし、戦闘的《せんとうてき》な性格《せいかく》でもあるため、オスは毎日《まいにち》ケンカばかりしています。仲直《なかなお》りしたいときや優位《ゆうい》なオスに気《き》に入《い》られたいときに「ブリッジング」という珍《めずら》しい行動《こうどう》をするのですが、これが赤《あか》ちゃんにとっては迷惑《めいわく》以外何《いがいなに》ものでもない行為《こうい》。仲直《なかなお》りしたいオスが、相手好《あいてごの》みのかわいい赤《あか》ちゃんを差《さ》し出《だ》し、相《あい》手《て》が受《う》け入《い》れれば、お互《たが》いに力《ちから》を合《あ》わせて赤《あか》ちゃんを持《も》ち上《あ》げるのです。まるでライオン・キング。しかし、ケンカに赤《あか》ちゃんは関係《かんけい》ありません。持《も》ち上《あ》げられた赤《あか》ちゃんはどんな気持《きも》ちなのでしょうか。どんまい！

いきもののデータ　チベットモンキー

学名《がくめい》　マカカ・シベタナ

分類《ぶんるい》　哺乳綱霊長目《ほにゅうこうれいちょうもく》オナガザル科《か》

生息地《せいそくち》　中国中東部《ちゅうごくちゅうとうぶ》

妊娠期間《にんしんきかん》　6カ月《げつ》

産仔数《さんしすう》　1頭《とう》

もう、ほんと大人《おとな》って
しょうがないな
今日《きょう》もひとつ
よろしく!
うむ、こちらこそ
よろしくだな

メンフクロウの赤《あか》ちゃんは小《ちい》さい頃《ころ》から空気《くうき》を読《よ》まねばならない

普通《ふつう》、鳥《とり》のヒナは「俺《おれ》のだ！俺《おれ》のだ！」と口《くち》を大《おお》きく開《あ》け、我先《われさき》にと親《おや》から食《た》べものをもらおうと必死《ひっし》にアピールします。これが自然《しぜん》を生《い》き抜《ぬ》くための本能《ほんのう》なのですが、ある研究《けんきゅう》（※）によると、**メンフクロウのヒナはお腹《なか》の空《す》いている兄弟《きょうだい》のために食《た》べものを譲《ゆず》ってあげることができる**ことが判明《はんめい》しました。

メンフクロウのヒナたちは鳴《な》き声《ごえ》で自分《じぶん》の空腹具合《くうふくぐあい》を兄弟《きょうだい》たちに知《し》らせます。そして、**一番《いちばん》お腹《なか》が空《す》いているヒナに対《たい》して、「どうぞどうぞ」と空気《くうき》を読《よ》みながら、食《た》べものを譲《ゆず》ってあげられる**といいます。

これは、一度《いちど》にたくさんの子《こ》どもを産《う》むメンフクロウならではの行動《こうどう》と考《かんが》えられています。食《た》べものを巡《めぐ》って兄弟《きょうだい》で醜《みにく》い争《あらそ》いをせず、仲良《なかよ》く平和的《へいわてき》に譲《ゆず》り合《あ》う精神《せいしん》は、私《わたし》たちヒトも見習《みなら》わないといけませんね。

いきものデータ メンフクロウ

学名《がくめい》	ティト・アルバ
分類《ぶんるい》	鳥綱《ちょうこう》フクロウ目《もく》メンフクロウ科《か》
生息地《せいそくち》	アフリカ大陸《たいりく》、北《きた》アメリカ大陸《たいりく》、南《みなみ》アメリカ大陸《たいりく》、ユーラシア大陸南部《たいりくなんぶ》および西部《せいぶ》
抱卵期間《ほうらんきかん》	約《やく》30日《にち》
産卵数《さんらんすう》	普通《ふつう》5個《こ》（2～9個《こ》）

※スイスのローザンヌ大学《だいがく》の生態学者《せいたいがくしゃ》らによる研究《けんきゅう》より

ピーピー
ピーピー
それなら先《さき》
食《た》べていいよ
僕《ぼく》よりお腹《なか》が
空《す》いているなら

アイアイの赤《あか》ちゃんは穴《あな》ほじり技術《ぎじゅつ》に4年《ねん》を要《よう》する

アフリカのマダガスカルに暮《く》らすサルの仲間《なかま》、アイアイ。明《あか》るい曲調《きょくちょう》の「♪アイアイ」ではかわいいイメージですが、どんまいなことに実物《じつぶつ》はかなり不気《ぶき》味《み》な姿《すがた》をしています。**何《なに》も悪《わる》いことをしていないのに、現地《げんち》ではその見《み》た目《め》から「悪魔《あくま》の使《つか》い」や「不吉《ふきつ》の象徴《しょうちょう》」など、散々《さんざん》な言《い》われようです。**

　アイアイは細長《ほそなが》く進化《しんか》した中《なか》指《ゆび》を使《つか》ってごはんを食《た》べます。まず中指《なかゆび》で木《き》を連打《れんだ》し、その音《おと》から中《なか》に虫《むし》がいるかを確認《かくにん》。虫《むし》がいると判断《はんだん》すると硬《かた》い前歯《まえば》で穴《あな》を開《あ》け、長《なが》い中指《なかゆび》を穴《あな》に入《い》れて虫《むし》をかき出《だ》して食《た》べるのです。

　アイアイは生《う》まれて18週間《しゅうかん》ほどで獲物《えもの》を探《さが》すようになりますが、**中指《なかゆび》で音《おと》を確《たし》かめる技術《ぎじゅつ》が身《み》につくのに約《やく》4年《ねん》もかかる**といいます。早《はや》く覚《おぼ》えないとずっと腹《はら》ペコのまま、中指《なかゆび》を持《も》て余《あま》してしまうことになるのです。

いきものデータ アイアイ

学名《がくめい》	ダウベントニア・マダガスカリエンシス
分類《ぶんるい》	哺乳綱《ほにゅうこう》霊長目《れいちょうもく》アイアイ科《か》
生息地《せいそくち》	マダガスカル
妊娠期間《にんしんきかん》	約《やく》170日《にち》
産仔数《さんしすう》	1頭《とう》

石《いし》の上《うえ》にも“4年《ねん》”だよ!
やめて～
うーん、なかなか
穴《あな》ほじりって難《むずか》しいなあ

カンガルーの赤《あか》ちゃんはママのよだれが命綱《いのちづな》

カンガルーはお腹《なか》に育児嚢《いくじのう》と呼《よ》ばれる袋《ふくろ》があり、その中《なか》に子《こ》を入《い》れて子育《こそだ》てをします。赤《あか》ちゃんは体長約《たいちょうやく》2㎝の超未熟児《ちょうみじゅくじ》で生《う》まれるのですが、生《う》まれてくるのはママのうんことおしっこが出《で》てくる小《ちい》さいお尻《しり》の穴《あな》（総《そう》排出孔《はいしゅつこう》）。つまり、ママのお腹《なか》の袋《ふくろ》からはほど遠《とお》い場所《ばしょ》です。

そこからママの袋《ふくろ》までどう移《い》動《どう》するのかというと、移動《いどう》ルートを舐《な》めたママのよだれを道《みち》しるべに自力《じりき》でよじ登《のぼ》っていくのです。方向《ほうこう》がわからない赤《あか》ちゃんのため、ママは袋《ふくろ》までの道筋《みちすじ》を舐《な》めて導《みちび》きます。赤《あか》ちゃんはその匂《にお》いを辿《たど》って死《し》に物狂《ものぐる》いで這《は》っていきます。

さっさとママが袋《ふくろ》の中《なか》に入《い》れてあげればいいのにと思《おも》うかもしれませんが、このときの赤《あか》ちゃんは触《ふ》れるとそのショックで死《し》ぬこともあるため、触《さわ》らないことがママの愛情《あいじょう》なのです。

いきものデータ カンガルー

学名《がくめい》 マクロプス
分類《ぶんるい》 哺乳綱《ほにゅうこう》カンガルー目《もく》カンガルー科《か》
生息地《せいそくち》 オーストラリア、タスマニア島《とう》、ニューギニア島《とう》
妊娠期間《にんしんきかん》 30〜40日《にち》
産仔数《さんしすう》 1匹《ぴき》

ほら、
がんばって！
アアアア……
落《お》ちるう…！
あ、あと
ちょっとだ…

オオツリスドリの赤《あか》ちゃんは枝《えだ》から垂《た》れる鼻水《はなみず》の中《なか》で育《そだ》つ

オオツリスドリの赤《あか》ちゃんは、なんと鼻水《はなみず》の形《かたち》をした巣《す》の中《なか》で育《そだ》ちます。おかしな形《かたち》ですが、この巣《す》は卵《たまご》やヒナを守《まも》るために設計《せっけい》された親《おや》ドリの「汗《あせ》と〝鼻水《はなみず》〟の結晶《けっしょう》」なのです。

まず、卵《たまご》を食《た》べるサルが開《ひら》けた場所《ばしょ》を好《この》まないため、ぽつんと孤立《こりつ》した木《き》を巣《す》の場所《ばしょ》に選《えら》びます。そして草木《くさき》の繊維《せんい》をうまく編《あ》み込《こ》み、細《ほそ》い枝《えだ》の先端《せんたん》にぷらんと吊《つ》るせば、鼻水形《はなみずがた》の巣《す》が一丁上《いっちょうあ》がり！　枝《えだ》の先《さき》に巣《す》を作《つく》るので鼻水《はなみず》がぶらぶらと揺《ゆ》れますが、こうすることでヘビなど外敵《がいてき》が近寄《ちかよ》れないようにしています。長《なが》さ60～180㎝ほどの巣《す》は、風《かぜ》が吹《ふ》くとぷらぷらと揺《ゆ》れ、より鼻水感《はなみずかん》が際立《きわだ》ちます。

側《そば》から見《み》るとどんまいな形《かたち》ですが、ヒナにとっては安心《あんしん》のお家《うち》。いくら鼻水《はなみず》みたいな形《かたち》だからって、ママの建築家《けんちくか》並《な》みの努《ど》力《りょく》は裏切《うらぎ》らないのです。

いきものデータ　オオツリスドリ

- 学名《がくめい》　プサロコリウス・モンテズマ
- 分類《ぶんるい》　鳥綱《ちょうこう》スズメ目《もく》ムクドリモドキ科《か》
- 生息地《せいそくち》　コスタリカ
- 抱卵期間《ほうらんきかん》　13～18日《にち》
- 産卵数《さんらんすう》　普通《ふつう》2個《こ》

はーい、ごはんよ～
My《マイ》 Sweet《スイート》 home《ホーム》, "HANAMIZU"
ごはんまだかな～

シロナガスクジラの赤《あか》ちゃんはたった1時《じ》間《かん》で4kgも大《おお》きくなる

世界《せかい》に存在《そんざい》するいきものの中《なか》で一番《いちばん》大《おお》きいだけでなく、昔《むかし》、地球上《ちきゅうじょう》にいたと確認《かくにん》されている恐竜《きょうりゅう》などと比《くら》べても最大《さいだい》の大《おお》きさを誇《ほこ》るシロナガスクジラ。今《いま》までに最《もっと》も大《おお》きくて体長《たいちょう》は34m、体重《たいじゅう》がなんと177〜200トンものシロナガスクジラが確認《かくにん》されています。

そのため、赤《あか》ちゃんも超《ちょう》ビッグベビー。生《う》まれた時点《じてん》で、体《たい》長《ちょう》は約《やく》7m、体重《たいじゅう》は約《やく》2・5トンもあります。そこまで大《おお》きいと、毎日《まいにち》飲《の》むミルクの量《りょう》もたっぷり。1日《にち》あたり380〜570ℓも飲《の》むため、たった1日《にち》で体《たい》長《ちょう》は約《やく》3・8m伸《の》び、体重《たいじゅう》は約《やく》100kgも増《ふ》えます。これは1時《じ》間《かん》に背《せ》が約《やく》15cm、体重《たいじゅう》は約《やく》4kgも増《ふ》える計算《けいさん》です。たった1時《じ》間《かん》で4kgも体重《たいじゅう》が増《ふ》える著《いちじる》しい変化《へんか》に、体《からだ》がついていけるか不《ふ》安《あん》になりますが、赤《あか》ちゃんにとっては当《あ》たり前《まえ》の日常《にちじょう》なのです。

いきものデータ　シロナガスクジラ

学名《がくめい》　バラエノプテラ・ムスクルス
分類《ぶんるい》　哺乳綱《ほにゅうこう》クジラ目《もく》ナガスクジラ科《か》
生息地《せいそくち》　世界中《せかいじゅう》の海《うみ》
妊娠期間《にんしんきかん》　10〜11カ月《げつ》
産仔数《さんしすう》　1頭《とう》

どんまい度《ど》 

キングペンギンの赤《あか》ちゃんはママよりビッグだしタワシに似《に》ている

　キングペンギンのヒナは、茶《ちゃ》色《いろ》い毛《け》に覆《おお》われ、まるでタワシのよう。まったく親《おや》に似《に》ていません。しかも、親《おや》より一回《ひとまわ》り大《おお》きい、体長《たいちょう》100cmほどまでつぷりと育《そだ》つので、親《おや》と並《なら》ぶとその大《おお》きさには違和感《いわかん》しかありません。よちよち歩《ある》きのヒナは、酔《よ》っぱらったオッサンに見《み》えてしまうほどです。

　どうしてそんなにビッグになるのかというと、厳《きび》しい冬《ふゆ》を乗《の》り越《こ》えるため、魚《さかな》が豊富《ほうふ》な夏《なつ》の間《あいだ》に食《く》い溜《だ》めるから。このもふもふの中《なか》の半分《はんぶん》以上《いじょう》は胃《い》が占《し》めているといいます。

　脂肪《しぼう》を蓄《たくわ》えたヒナは、食《た》べものが枯渇《こかつ》する冬《ふゆ》の間《あいだ》クレイシと呼《よ》ばれるヒナだけの群《む》れの中《なか》で過《す》ごし、遠方《えんぽう》に魚《さかな》を捕《と》りに行《い》った親《おや》をひたすら待《ま》ちます。冬《ふゆ》が終《お》わる頃《ころ》には、キングペンギンのヒナはゲッソリと痩《や》せこけ、再《ふたた》び腹《はら》ペコ状態《じょうたい》になるのです。

いきものデータ　キングペンギン

学名《がくめい》	アプテノディテス・パタゴニクス
分類《ぶんるい》	鳥綱《ちょうこう》ペンギン目《もく》ペンギン科《か》
生息地《せいそくち》	亜南極《あなんきょく》の島々《しまじま》
抱卵期間《ほうらんきかん》	約《やく》55日《にち》
産卵数《さんらんすう》	1個《こ》

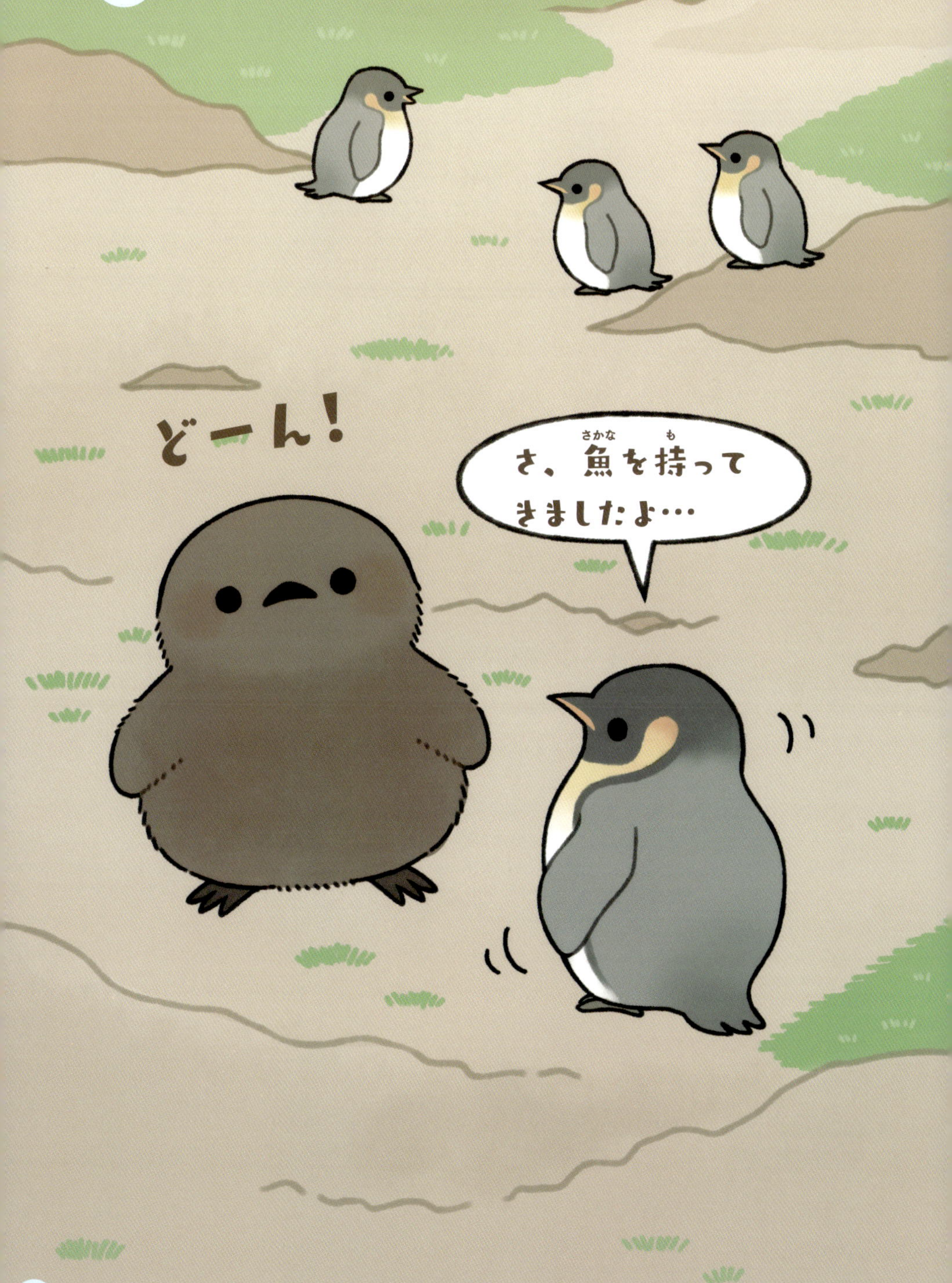
どーん!
さ、魚《さかな》を持《も》ってきましたよ…

ズキンアザラシの赤《あか》ちゃんは4日間《かかん》しかおっぱいを飲《の》めない

オスが鼻《はな》をふくらませると頭《ず》巾《きん》のように見《み》えることから名《な》づけられたズキンアザラシですが、そのメスはわずか4日間《かかん》しか子《こ》育《そだ》てをしません。これは哺乳類《ほにゅうるい》の中《なか》で最短《さいたん》。かわいそうなことに赤《あか》ちゃんはママと4日間《かかん》しか過《す》ごせないのです。

その理由《りゆう》の1つに母乳《ぼにゅう》の栄養《えいよう》価《か》の高《たか》さがあります。牛乳《ぎゅうにゅう》の約《やく》15倍《ばい》、脂肪分《しぼうぶん》60%という超高《ちょうこう》カロリーなおっぱいを飲《の》んだ赤《あか》ちゃんは、4日間《かかん》だけで体重《たいじゅう》が20kgから40kgへとスピーディに成《せい》長《ちょう》できます。また、体《からだ》の大《おお》きなママとすぐに別《わか》れることで、天《てん》敵《てき》に見《み》つかるリスクを減《へ》らせるともいわれています。

我《わ》が子《こ》と別《わか》れたメスはさぞや悲《かな》しんでいるかと思《おも》いきやすぐに次《つぎ》の結婚相手《けっこんあいて》のオスを探《さが》しにGO。これも生存本能《せいぞんほんのう》かもしれませんが、赤《あか》ちゃんの気持《きも》ちを考《かんが》えると少《すこ》し寂《さび》しくなります。

いきものデータ ズキンアザラシ

学名《がくめい》	キュストフォラ・クリスタータ
分類《ぶんるい》	哺乳綱食肉目《ほにゅうこうしょくにくもく》アザラシ科《か》
生息地《せいそくち》	北極海《ほっきょくかい》
妊娠期間《にんしんきかん》	11カ月《がつ》
産仔数《さんしすう》	1頭《とう》

子育《こそだ》て終《お》わった？次《つぎ》は僕《ぼく》と結婚《けっこん》しよう
さ～て別《べつ》のオスでも探《さが》しにいくかね
んじゃ、がんばって生《い》き抜《ぬ》きなさいね
マ、ママ……僕《ぼく》がんばるよ……

ニワトリの赤《あか》ちゃんのくちばしには ちっちゃい歯《は》が生《は》えている

私《わたし》たちヒトがごはんを食《た》べるときは歯《は》を使《つか》います。しかし、ニワトリの赤《あか》ちゃん、つまりヒヨコにもじつは歯《は》があるということを知《し》っていましたか？

通常《つうじょう》、ヒトの歯《は》は口《くち》の中《なか》にあるものですが、**なんとヒヨコの歯《は》は外側《そとがわ》についています。しかも、その場所《ばしょ》はくちばしの上《うえ》！** ガラス質《しつ》のような三角形《さんかくけい》のちょこんとした突起《とっき》がヒヨコの歯《は》です。「ずいぶん意味《いみ》のない場所《ばしょ》についているじゃん」と鼻《はな》で笑《わら》った方《かた》、ヒヨコが卵《たまご》から孵《かえ》る瞬《しゅん》間《かん》を思《おも》い出《だ》してください。卵《たまご》の内側《うちがわ》からコツコツと音《おと》がすると き、**ヒヨコはこの卵歯《らんし》を使《つか》い、硬《かた》い殻《から》を破《やぶ》っているのです。**

しかし、この卵歯《らんし》は孵化《ふか》後《ご》すぐに取《と》れてしまう激《げき》レアもの。ヒトの乳歯《にゅうし》の生《は》え変《か》わりのようなものです。ちなみにカメなど卵《たまご》から生《う》まれるほかのどうぶつにも卵歯《らんし》はついています。

いきものデータ ニワトリ（ヒヨコ）

- 学名《がくめい》 ガルス・ガルス・ドメスティカス
- 分類《ぶんるい》 鳥綱《ちょうこう》キジ目《もく》キジ科《か》
- 生息地《せいそくち》 世界中《せかいじゅう》
- 抱卵期間《ほうらんきかん》 約《やく》20日《か》
- 産卵数《さんらんすう》 1個《こ》

卵歯《らんし》

チンパンジーの女《おんな》の子《こ》の赤《あか》ちゃんは棒《ぼう》切《き》れでぼっち遊《あそ》びをする

みなさんはお人形遊《にんぎょうあそ》びが好《す》きですか？　ヒトの3歳児《さいじ》と同《おな》じ知能《ちのう》を持《も》つといわれるチンパンジーもどうやらお人形遊《にんぎょうあそ》びが好《す》きなようです。

最近《さいきん》の調査《ちょうさ》（※）では、**チンパンジーの女《おんな》の子《こ》が木《き》の枝《えだ》を人《にん》形《ぎょう》のように抱《だ》きかかえ、ママのように世話《せわ》をする仕草《しぐさ》が14年間《ねんかん》で100回以上確認《かいいじょうかくにん》されました。**時《とき》には棒切《ぼうき》れを巣《す》の中《なか》に持《も》ち帰《かえ》り、こもって一人《ひとり》で黙々《もくもく》とお人《にん》形遊《ぎょうあそ》びをする赤《あか》ちゃん。この仕《し》草《ぐさ》はオスや母親世代《ははおやせだい》のメスには見《み》られない女《おんな》の子《こ》の赤《あか》ちゃん特《とく》有《ゆう》の行動《こうどう》らしく、**いつかママになるための予行練習《よこうれんしゅう》だと考《かんが》えられています。**ヒトもおままごとなどで遊《あそ》びますが、チンパンジーも同《おな》じだったのです。とはいえ、自分《じぶん》の娘《むすめ》が1匹《ぴき》で人形遊《にんぎょうあそ》びをしていたら「お友達《ともだち》はちゃんといるのかな？」とママとパパは心配《しんぱい》になっちゃうかも!?

いきものデータ　チンパンジー

- 学名《がくめい》　パン・トゥログロデュテス
- 分類《ぶんるい》　哺乳綱霊長目《ほにゅうこうれいちょうもく》ヒト科《か》
- 生息地《せいそくち》　アフリカ
- 妊娠期間《にんしんきかん》　約《やく》243日《にち》
- 産仔数《さんしすう》　1頭《とう》

※ハーバード大学《だいがく》の生物人類学者《せいぶつじんるいがくしゃ》らによるウガンダのキバレ国立公園《こくりつこうえん》に生息《せいそく》するチンパンジーを14年間調査《ねんかんちょうさ》したもの

あの子《こ》、友達《ともだち》が
いないわけじゃないよな
ち、違《ちが》うわよ!
ちゃんといるわ!
さあ、棒切《ぼうき》れちゃん。
ママが連《つ》れてってあげますね

6カ月未満《かげつみまん》のヒトの赤《あか》ちゃんは じつは泣《な》いていない!?

生《う》まれて間《ま》もないヒトの赤《あか》ちゃんは、「泣《な》くのが仕事《しごと》」といわれるほど、よく泣《な》きます。しかし、生《う》まれてから6カ月目《げつめ》くらいまでの赤《あか》ちゃんをよく見《み》ると、泣《な》いているのに〝涙《なみだ》を流《なが》していない〟ことを知《し》っていますか？

涙《なみだ》は目《め》を守《まも》るために出《で》てきます。じつは、生《う》まれた直後《ちょくご》は涙《なみだ》を作《つく》る仕組《しく》みが未熟《みじゅく》なため、外《そと》へ出《だ》せるほどの涙《なみだ》の量《りょう》が溜《た》まっておらず、涙《なみだ》を流《なが》さずに泣《な》いているのです。さらに、脳《のう》も未熟《みじゅく》なため、「悲《かな》しい」「痛《いた》い」といった感情《かんじょう》で泣《な》くこともできず、赤《あか》ちゃんは、理由《りゆう》があるのでしょうが、ただただ大声《おおごえ》でわめいていることになります。大《おお》きくなるにつれ、「おや、泣《な》くと意《い》思《し》が伝《つた》わるぞ？」と学習《がくしゅう》していくのです。泣《な》いている赤《あか》ちゃんを見《み》かけたら、ウソ泣《な》きだとは思《おも》わずに、理由《りゆう》を探《さが》して安心《あんしん》させてあげましょうね。

いきものデータ ヒト

- 学名《がくめい》 ホモ・サピエンス
- 分類《ぶんるい》 哺乳綱《ほにゅうこう》霊長目《れいちょうもく》ヒト科《か》
- 生息地《せいそくち》 世界中《せかいじゅう》
- 妊娠期間《にんしんきかん》 約《やく》10カ月《げつ》
- 産仔数《さんしすう》 一人《ひとり》

わああああああん!
悲《かな》しみ
感動《かんどう》
う、ウソ泣《な》きじゃ
ないもん!
大人《おとな》

コキーコヤスガエルの赤《あか》ちゃんは乾燥《かんそう》するとパパのおしっこで潤《うるお》いケア

コキーコヤスガエルは、卵《たまご》からいきなりカエルの姿《すがた》で生《う》まれます。普通《ふつう》、カエルはオタマジャクシスタートが多《おお》いのにどうしてなのでしょう？　答《こた》えは、彼《かれ》らが水《みず》の少《すく》ない環境《かんきょう》にすんでいるから。オタマジャクシは水《みず》がないと生《い》きられないのです。

ママが産《う》んだ卵《たまご》にパパが覆《おお》いかぶさり、卵《たまご》が孵《かえ》るまで数週間《すうしゅうかん》守《まも》り続《つづ》けます。時《とき》には、自分《じぶん》のおしっこをかけて乾燥《かんそう》しないように卵《たまご》を守《まも》ることも。臭《くさ》そうですが、彼《かれ》らにとっては、おしっこも貴重《きちょう》な水分《すいぶん》。どんまいなことに子《こ》どもたちはおしっこの恩《おん》恵《けい》にあずかっているのです。

日本《にっぽん》にいるモリアオガエルも、メスの産卵中《さんらんちゅう》に複数《ふくすう》のオスが卵《たまご》におしっこをかけます。後《うし》ろ脚《あし》でかき混《ま》ぜてメレンゲ状《じょう》にしたものが乾《かわ》くと丈夫《じょうぶ》な保護膜《ほごまく》ができ、卵《たまご》は乾燥《かんそう》や外敵《がいてき》から守《まも》られるのです。おしっこ、すごい！

いきものデータ　コキーコヤスガエル

- 学名《がくめい》　エリュテロダクテュルス・コクイ
- 分類《ぶんるい》　両生綱無尾目《りょうせいこうむびもく》コヤスガエル科《か》
- 生息地《せいそくち》　プエルトリコ、ビエケス島《とう》、クレブラ島《とう》
- 抱卵期間《ほうらんきかん》　14〜17日《にち》
- 産卵数《さんらんすう》　16〜40個《こ》

やべ～っ、乾《かん》燥《そう》注《ちゅう》意《い》報《ほう》だ!
おしっこかけちゃうぞ～!
パパにおしっこかけられて
ハッピーありがたや～

どんまい度《ど》

クリムネサケイの赤《あか》ちゃんはパパの羽毛《うもう》からしたたる水《みず》を飲《の》む

クリムネサケイはアフリカ南《なん》部《ぶ》の砂漠《さばく》に暮《く》らす鳥《とり》です。パパは、砂漠《さばく》で貴重《きちょう》な水場《みずば》（オアシス）を見《み》つけると、お腹《なか》を水《みず》に浸《ひた》して羽毛《うもう》に水《みず》をたっぷり含《ふく》ませ、飛《と》んで巣《す》に戻《もど》ります。そして、濡《ぬ》れた羽毛《うもう》にヒナのくちばしを差《さ》し込《こ》ませ、水《みず》を飲《の》ませてあげるのです。

砂漠《さばく》の砂《すな》やパパの汗《あせ》などが混《ま》じっているであろう水《みず》を、ヒナたちはゴクゴク！　羽毛《うもう》に蓄《たくわ》えられる水《みず》の量《りょう》は、最大《さいだい》で約《やく》40㎖。小《こ》さじ8杯分《ばいぶん》と少量《しょうりょう》に聞《き》こえますが、ヒナたちが10分《ぶん》近《ちか》く飲《の》み続《つづ》けられます。

水場《みずば》までは何十《なんじゅっ》㎞も離《はな》れているため、正直《しょうじき》パパは大変《たいへん》です。もっと近《ちか》くに巣《す》を作《つく》れば楽《らく》なのにと思《おも》いますが、水場《みずば》にはいろんなどうぶつが来《く》るので、危険《きけん》がいっぱい。かわいい我《わ》が子《こ》のため、水《みず》の運《はこ》び屋《や》としてパパは今日《きょう》もがんばるのです。

いきものデータ クリムネサケイ

- 学名《がくめい》　プテロクレス・ナマクア
- 分類《ぶんるい》　鳥綱《ちょうこう》サケイ目《もく》サケイ科《か》
- 生息地《せいそくち》　南《みなみ》アフリカのカラハリ砂漠《さばく》
- 抱卵期間《ほうらんきかん》　約《やく》22日《にち》
- 産卵数《さんらんすう》　2～3個《こ》

染《し》み込《こ》ませて
待《ま》ってろよ！
たんまり飲《の》めよ…！
んまいな
ちょっと
砂《すな》っぽい

自然界《しぜんかい》が誇《ほこ》るイクメン

今月《こんげつ》のよちよちクラブ②

今《いま》すぐパパに見《み》せたい! この"イクメン"がすごい!

あっちもこっちも人間界《にんげんかい》はイクメンブーム!
しかし、いきもの界《かい》のイクメンパパはもっとすごいんだぞ?

いきもの界《かい》ではイクメンパパは当《あ》たり前《まえ》です!

「イクメン」とは、「育《いく》児《じ》をする男性《だんせい》(メンズ)」を指《さ》す、人間界《にんげんかい》の言葉《ことば》です。しかし、人間界《にんげんかい》で注目《ちゅうもく》されるよりずっと前《まえ》からどうぶつ界《かい》ではイクメンが当《あ》たり前《まえ》だということ、ご存《ぞん》じでしょうか?

パパが子《こ》どもたちの面倒《めんどう》を丁寧《ていねい》に見《み》たり、卵《たまご》の段階《だんかい》から守《まも》ってあげたり、なかにはパパが出産《しゅっさん》しちゃう!?というどうぶつまで。種類《しゅるい》にもよりますが、**イクメンパパはどうぶつ界《かい》に多数存在《たすうそんざい》**します。

それでもがんばる! パパたちの努力《どりょく》は凄《すさ》まじかった

例《たと》えば、元祖飛《がんそと》ばないビッグな鳥《とり》・エミューさんは一妻多夫制《いっさいたふせい》。ママは、卵《たまご》を産《う》んだらすぐ立《た》ち去《さ》ってしまうため、パパが「飲《の》まず・食《く》わず・(うんこを)出《だ》さず」で付《つ》きっきりで卵《たまご》を温《あたた》めます。

ほかにもコウテイペンギンさんのパパはマイナス60℃にもなる極寒《ごっかん》の冬《ふゆ》、空腹《くうふく》と寒《さむ》さに耐《た》えながら抱卵《ほうらん》を続《つづ》けたり、サンバガエルさんのパパは卵塊《らんかい》を脚《あし》に巻《ま》き付《つ》け、オタマジャクシになるまで肌身離《はだみはな》さず育《そだ》てたり……。

全《ぜん》どうぶつ界《かい》のパパたちは日々奮闘中《ひびふんとうちゅう》なのです。**どれも子《こ》どもたちの生存確率《せいぞんかくりつ》を上《あ》げるため。涙《なみだ》ぐましい努力《どりょく》たるや!**

(よちよちクラブ編集部《へんしゅうぶ》)

CASE《ケース》 STUDY《スタディ》

どうぶつ界屈指《かいくっし》のイクメンパパたちを紹介《しょうかい》します。
人間界《にんげんかい》のパパたちも、ぜひ見習《みなら》っていただきたい!

僕《ぼく》の妊娠期間《にんしんきかん》は10～25日間《にちかん》。ママからもらった卵《たまご》を育《いく》児嚢《じのう》の中《なか》で孵化《ふか》させ、約《やく》2000匹《ひき》の稚魚《ちぎょ》を自分《じぶん》のお腹《なか》から放出《ほうしゅつ》するときはやりがいを感《かん》じますね(タツ男《お》さん談《だん》)

タツノオトシゴの親《おや》子《こ》

タツ男《お》さんとタツベビー君《くん》(生後《せいご》1週間《しゅうかん》)

パパの腹部《ふくぶ》には育児嚢《いくじのう》と呼《よ》ばれる袋《ふくろ》がついていて、ママが産《う》んだ卵《たまご》を稚魚《ちぎょ》になるまで保護《ほご》します。パパは腹部《ふくぶ》が膨《ふく》れ、まるで妊婦《にんぷ》さんみたいに見《み》えますね。

クロエリハクチョウの親《おや》子《こ》

クロちゃんさんと赤《あか》ちゃんズ(生後《せいご》1週間《しゅうかん》)

南《みなみ》アメリカ南部《なんぶ》に生息《せいそく》しているクロエリハクチョウのパパは、なんと生《う》まれたヒナたちを1年《ねん》間《かん》も背中《せなか》に乗《の》せて移動《いどう》。いつもそばで守《まも》ってあげているのです。

僕《ぼく》ら、家族《かぞく》も超仲良《ちょうなかよ》しなんすよ。一度《いちど》に産《う》む卵《たまご》は4～8個《こ》で、約《やく》36日間卵《にちかんたまご》を温《あたた》めます。夫婦《ふうふ》で一緒《いっしょ》に育《そだ》てるから、その時間《じかん》も楽《たの》しいっすよね!(クロちゃんさん談《だん》)

ママは、産後《さんご》すぐに次《つぎ》の子《こ》どもを妊娠《にんしん》するんですよ。妊《にん》娠《しん》しながらの子育《こそだ》ては大変《たいへん》だからママの負担《ふたん》を軽減《けいげん》するため、僕《ぼく》が育児《いくじ》をしているんです(マモルさん談《だん》)

マーモセットの親《おや》子《こ》

マモルさんとマモ男《お》君《くん》(生後《せいご》8週間《しゅうかん》)

育児中《いくじちゅう》のパパは、バソプレシンという物質《ぶっしつ》を受《う》けとめるたんぱく質《しつ》が増加《ぞうか》します。愛情《あいじょう》やきずななどに深《ふか》い信号《しんごう》を与《あた》えられているといいます。

第《だい》3章《しょう》

華麗《かれい》なるビフォーアフター！
変化《へんか》を遂《と》げるどんまいな赤《あか》ちゃん

生《う》まれたときからどんまいな姿《すがた》をしている赤《あか》ちゃんから、
大人《おとな》になるとどんまいすぎるビジュアル（身《み》なり）になってしまう
赤《あか》ちゃんまで!? さあ、どうぶつの赤《あか》ちゃんたちの
“どんまいな大変身《だいへんしん》”、ご覧《らん》あれ！

パンダの赤《あか》ちゃんは生《う》まれたときアイデンティティが薄《うす》い

タレ目《め》に見《み》える白黒模様《しろくろもよう》や、赤《あか》ちゃん体型《たいけい》、人間《にんげん》っぽい動《うご》きなど、かわいい要素《ようそ》がたくさんある人気者《にんきもの》のパンダ。今日《こんにち》「パンダ」といえば、ジャイアントパンダのことを指《さ》します。その理由《りゆう》は、最初《さいしょ》に発見《はっけん》されたレッサーパンダを「パンダ」と命名《めいめい》した後《あと》、ジャイアントパンダが発見《はっけん》され、後《あと》から発見《はっけん》されたほうが有名《ゆうめい》になってしまったので、ジャイアントパンダを「パンダ」と呼《よ》び、レッサーパンダには「小《ちい》さいほうの」という意《い》味《み》の「レッサー」が名《な》づけられたから。なんだか複雑《ふくざつ》ですね。

パンダの赤《あか》ちゃんは、生《う》まれたてはピンク色《いろ》。地肌《じはだ》に白《しろ》い産《うぶ》毛《げ》が生《は》えていて、何《なん》のどうぶつかわかりません。白黒模様《しろくろもよう》が出《で》てくるのは生《う》まれてから1カ月《げつ》後《ご》くらい。もしかしたら自分《じぶん》でも将来《しょうらい》白黒《しろくろ》になるなんて予想《よそう》していないのかもしれません。

いきものデータ ジャイアントパンダ

- 学名《がくめい》　アイルロポダ・メラノレウカ
- 分類《ぶんるい》　哺乳綱食肉目《ほにゅうこうしょくにくもく》パンダ科《か》
- 生息地《せいそくち》　チベット、中国西部《ちゅうごくせいぶ》
- 妊娠期間《にんしんきかん》　95〜105日《にち》
- 産仔数《さんしすう》　1頭《とう》

生《う》まれたてはピンク色《いろ》
体長《たいちょう》 5cm くらい
いや～最初《さいしょ》ママと見《み》た目《め》が違《ちが》いすぎて自分《じぶん》見失《みうしな》いかけたな、あぶないあぶない

フラミンゴの赤《あか》ちゃんは脚《あし》だけ超絶《ちょうぜつ》ムキムキマッチョ

フラミンゴといえばピンク色《いろ》の体《からだ》が特徴《とくちょう》ですが、生《う》まれたばかりのヒナはまっしろ。親《おや》のようなピンク色《いろ》になるまでには2年《ねん》ほどかかります。フラミンゴが食《た》べる藻《も》に含《ふく》まれるβ《ベータ》-カロテンやカンタキサンチンという成分《せいぶん》の色素《しきそ》の影響《えいきょう》でだんだんピンク色《いろ》になっていくのです。

フラミンゴの赤《あか》ちゃんは脚《あし》も特徴的《とくちょうてき》です。体《からだ》に対《たい》して脚《あし》の割《わり》合《あい》が大《おお》きく、アンバランスなムキムキの脚《あし》に見《み》えてしまうのです。大《おお》きい部分《ぶぶん》は赤《あか》ちゃんのときから大《おお》きくできているためフラミンゴの赤《あか》ちゃんのムキムキの脚《あし》は、これから体《からだ》が大《おお》きくなっていくにつれて、ちょうどいいサイズになっていくのです。

ちなみにひざのように見《み》えているのは、かかと。そのため、関節《かんせつ》が前《まえ》に曲《ま》がります。ヒトと逆方向《ぎゃくほうこう》に曲《ま》がりますが、気持《きも》ち悪《わる》がらないでくださいね！

いきものデータ フラミンゴ

学名《がくめい》 フォエニコプテルス

分類《ぶんるい》 鳥綱《ちょうこう》フラミンゴ目《もく》フラミンゴ科《か》

生息地《せいそくち》 アフリカ、南《みなみ》ヨーロッパ、中南米《ちゅうなんべい》

抱卵期間《ほうらんきかん》 約《やく》28日《にち》

産卵数《さんらんすう》 1個《こ》

ママ、僕《ボク》脚《あし》、変《へん》って言《い》われた…
大丈夫《だいじょうぶ》よ、とっても美脚《びきゃく》だわ

アジアゾウの赤《あか》ちゃんはおじいちゃんみたいに生《う》まれる

インドや東南《とうなん》アジアで暮《く》らすアジアゾウは、昔《むかし》から重《おも》い荷物《にもつ》を運《はこ》んだり、宗教的儀式《しゅうきょうてきぎしき》に使《つか》われたりと、ヒトの生活《せいかつ》にとけこんで暮《く》らしてきました。

アジアゾウの赤《あか》ちゃんは、体《たい》重《じゅう》100kgほどで生《う》まれてくるのですが、生《う》まれたての体《からだ》はシワシワ。さらに、うっすら生《は》えている産毛《うぶげ》が薄毛《うすげ》にも見《み》え、まるでおじいちゃんのようです。見《み》た目《め》はよぼよぼですが、生《う》まれるとすぐに立《た》ち上《あ》がるたくましい姿《すがた》を見《み》せてくれます。

草《くさ》を食《た》べるようになるまでの数《すう》カ月間《げつかん》、赤《あか》ちゃんはおっぱいとママの栄養《えいよう》たっぷりのうんこを食《た》べて育《そだ》っていきます。うんこを食《た》べると消化《しょうか》に必要《ひつよう》な細菌《さいきん》や酵素《こうそ》を体《からだ》に取《と》り入《い》れることができるため、ゾウの赤《あか》ちゃんは、シワシワのおじいちゃんフェイスで、モリモリとうんこを食《た》べるのです。

いきものデータ アジアゾウ

- 学名《がくめい》 エレパス・マクシムス
- 分類《ぶんるい》 哺乳綱長鼻目《ほにゅうこうちょうびもく》ゾウ科《か》
- 生息地《せいそくち》 インド北部《ほくぶ》、東南《とうなん》アジアなど
- 妊娠期間《にんしんきかん》 615〜668日《にち》
- 産仔数《さんしすう》 1頭《とう》

れっきとした
新《しん》生《せい》児《じ》よ！
じじいじゃねえ〜ゾウ

どんまい度《ど》

フタコブラクダの赤《あか》ちゃんは鼻先《はなさき》を伸《の》ばさないと砂漠《さばく》を生《い》き抜《ぬ》けない

その名《な》の通《とお》り、背中《せなか》にある大《おお》きな2つのコブが特徴《とくちょう》のフタコブラクダ。モンゴルなどの砂漠《さばく》で生活《せいかつ》し、暑《あつ》さに強《つよ》く、水《みず》がなくても長距離移動《ちょうきょりいどう》できます。

フタコブラクダの赤《あか》ちゃんは鼻先《はなさき》が短《みじか》いので、まだ〝ラクダ顔《がお》〟ではなく、キュートな顔《かお》をしています。「かわいいままでいて！」と思《おも》ってしまいますが、じつは、成長《せいちょう》とともに長《なが》くなる鼻先《はなさき》はフタコブラクダになくてはならないもの。長《なが》くなった鼻《はな》には、ほかのどうぶつにはない「側面副鼻腔嚢《そくめんふくびくうのう》」という機能《きのう》があります。鼻《はな》から息《いき》を吐《は》き出《だ》すときに水分《すいぶん》を逃《に》がさず、しかも砂《すな》が入《はい》ってこないように鼻《はな》を完全《かんぜん》に塞《ふさ》いで呼吸《こきゅう》することもできる超《ちょう》スグレモノの機能《きのう》です。マヌケな顔《かお》になるリスクがあっても、過酷《かこく》な砂漠《さばく》を生《い》き抜《ぬ》く体《からだ》になるには、成長《せいちょう》して鼻先《はなさき》を伸《の》ばすことは必須《ひっす》なのです。

いきものデータ フタコブラクダ

学名《がくめい》 カメルス・バクトゥリアヌス
分類《ぶんるい》 哺乳綱偶蹄目《ほにゅうこうぐうていもく》ラクダ科《か》
生息地《せいそくち》 中国《ちゅうごく》、モンゴル
妊娠期間《にんしんきかん》 約《やく》13カ月《げつ》
産仔数《さんしすう》 1頭《とう》

え〜いやだなあ
大《おお》きくなると鼻《はな》が
出《で》るのかあ…

キンケイの赤《あか》ちゃんはド派手《はで》か地味《じみ》色《いろ》の二択《にたく》しかない

中国《ちゅうごく》やミャンマーの標高《ひょうこう》が高《たか》い場所《ばしょ》で暮《く》らすキジの仲間《なかま》、キンケイ。漢字《かんじ》では「金鶏《きんけい》」や「錦《きん》鶏《けい》」と書《か》くように、金色《きんいろ》の冠羽《かんう》や、色鮮《いろあざ》やかな体《からだ》が特徴《とくちょう》です。

オスはイカついクレオパトラのようですが、最近《さいきん》ではそのゴールドヘアがアメリカ合衆国《がっしゅうこく》のドナルド・トランプ大統領《だいとうりょう》に似《に》ていると話題《わだい》になっています。

派手《はで》な姿《すがた》はオスだけで、メスは黒《くろ》っぽい斑模様《まだらもよう》のある褐色《かっしょく》の羽根《はね》でかなり地味《じみ》。オスは子孫《しそん》を残《のこ》すため、派手《はで》な姿《すがた》でメスにアピールする必要《ひつよう》があるからです。生《う》まれたばかりのキンケイのヒナは、ヒヨコのようで超《ちょう》キュート。見《み》た目《め》だけでは、性別《せいべつ》はわかりません。1カ月《げつ》くらいすると少《すこ》しずつ羽根《はね》が変《か》わり、やっとオスかメスかがわかるのですが、「派手《はで》なクレオパトラ」か「地味色《じみいろ》の鳥《とり》」の二択《にたく》の運命《うんめい》からは逃《のが》れられないのです。

いきものデータ　キンケイ

- 学名《がくめい》：クリュソロフス・ピクトゥス
- 分類《ぶんるい》：鳥綱《ちょうこう》キジ目《もく》キジ科《か》
- 生息地《せいそくち》：中国《ちゅうごく》、チベット、ミャンマー北部《ほくぶ》
- 抱卵期間《ほうらんきかん》：22～24日《にち》
- 産卵数《さんらんすう》：6～10個《こ》

ママ
パパ
わかる〜！今《いま》こんなにかわいいのにね
将来《しょうらい》パパみたいにイカつくなるのイヤだよね
でも、ママみたいに地味《じみ》なのもイヤ
シーッ！聞《き》こえるってば！

ヘラジカの赤《あか》ちゃんは見《み》た目《め》が完全《かんぜん》に洗濯《せんたく》バサミ

ヘラジカは、世界最大《せかいさいだい》のシカです。なんと大《おお》きいものだと肩《かた》までの高《たか》さで2m30cmもあるといいます。角《つの》だけで最大《さいだい》2mを超《こ》えたヘラジカも過去《かこ》に記録《きろく》されています。道《みち》で出会《であ》ったら恐《おそ》ろしいサイズですね。

　そんな大《おお》きなヘラジカの赤《あか》ちゃんの脚《あし》もとにかくビッグ。予想以上《よそういじょう》に脚《あし》が長《なが》いのです。正面《しょうめん》から見《み》ると、まるで洗濯《せんたく》バサミ。すらっとした長《なが》い脚《あし》は羨《うらや》ましくもありますが、大《おお》きな違和感《いわかん》を感《かん》じざるを得《え》ません。

　幼《おさな》い頃《ころ》から大《おお》きい部分《ぶぶん》は大《おお》きいものです。今後《こんご》、体《からだ》が大《おお》きく成長《せいちょう》していくと、脚《あし》の長《なが》さのインパクトは薄《うす》れていきますが、赤《あか》ちゃんの頃《ころ》は明《あき》らかに体《からだ》のサイズとは合《あ》わない長《なが》すぎる脚《あし》。ヘラジカの赤《あか》ちゃんはこの洗濯《せんたく》バサミみたいな脚《あし》を「早《はや》く大《おお》きくなってなんとかしたい」と思《おも》っているかもしれません。

いきものデータ ヘラジカ

- 学名《がくめい》　アルケス・アルケス
- 分類《ぶんるい》　哺乳綱《ほにゅうこう》偶蹄目《ぐうていもく》シカ科《か》
- 生息地《せいそくち》　カナダ、北欧《ほくおう》など
- 妊娠期間《にんしんきかん》　約《やく》243日《にち》
- 産仔数《さんしすう》　1頭《とう》

あんたまだ
洗濯《せんたく》バサミみたいな脚《あし》なの？
遺伝《いでん》じゃん……

シルバールトンの赤《あか》ちゃんは3カ月《げつ》限定《げんてい》でゴールドになる

その名《な》の通《とお》り銀色《ぎんいろ》（シルバー）の体毛《たいもう》をしているシルバールトン。しかし、赤《あか》ちゃんは金色《きんいろ》（ゴールド）で生《う》まれてきます。「シルバー」の名《な》にあるまじき色《いろ》！　普通《ふつう》、子《こ》どもは敵《てき》に見《み》つかりにくいよう、親《おや》よりも地味《じみ》な色《いろ》で生《う》まれてくることが多《おお》いのですが、なぜこんなに目立《めだ》つ色《いろ》をしているのでしょうか？

この理由《りゆう》として、森《もり》の中《なか》ではぐれたときに親《おや》が見《み》つけやすいという説《せつ》や、「この色《いろ》のサルは赤《あか》ちゃんだからみんなで大切《たいせつ》にしよう！」という目印《めじるし》だという説《せつ》などが考《かんが》えられています。

チンパンジーなどの赤《あか》ちゃんは白《しろ》い毛《け》がお尻《しり》に生《は》えていて、それがあるうちは大切《たいせつ》にされますが、白《しろ》い毛《け》が消《き》えたとたんに厳《きび》しくしつけられるそう。3カ月後《げつご》、赤《あか》ちゃんは銀色《ぎんいろ》の体《からだ》になります。限定期間中《げんていきかんちゅう》はさぞやみんなに大人気《だいにんき》なのでしょうね。

いきものデータ　シルバールトン

学名《がくめい》　トゥラキピテクス・クリスタトゥス

分類《ぶんるい》　哺乳綱《ほにゅうこう》霊長目《れいちょうもく》オナガザル科《か》

生息地《せいそくち》　東南《とうなん》アジア

妊娠期間《にんしんきかん》　6～7カ月《げつ》

産仔数《さんしすう》　1匹《ぴき》

大人《おとな》 3カ月以降《げついこう》 生《う》まれたて

アオアシカツオドリの赤《あか》ちゃんは脚《あし》を青《あお》くしていかないとモテない

南《みなみ》アメリカのエクアドルに浮《う》かぶガラパゴス諸島《しょとう》で暮《く》らすアオアシカツオドリは、その名《な》の通《とお》り青《あお》い脚《あし》をした鳥《とり》です。まるで鮮《あざ》やかな青《あお》いブーツを履《は》いているような脚《あし》はイワシを食《た》べているから。イワシに含《ふく》まれるカロテノイドという色素《しきそ》が蓄《たくわ》えられると脚《あし》が青《あお》くなるのです。

生《う》まれたばかりのアオアシカツオドリの赤《あか》ちゃんの脚《あし》はまっしろ。これからイワシを食《た》べるごとに脚《あし》がどんどん青《あお》くなっていくのです。

脚《あし》は青《あお》いほど狩《か》りが上手《じょうず》で健《けん》康《こう》という証《あかし》になり、メスにモテます。そのため、求愛《きゅうあい》ダンスはとても独特《どくとく》。オスがメスのまわりをゆっくり足踏《あしぶ》みしながら踊《おど》るのですが、これは自分《じぶん》の脚《あし》がいかに青《あお》いかを見《み》せつけるため。オスの赤《あか》ちゃんはモテるためにもたくさんイワシを食《た》べないといけないのです。

いきものデータ アオアシカツオドリ

学名《がくめい》 スラ・ネボウクシイ
分類《ぶんるい》 鳥綱《ちょうこう》カツオドリ目《もく》カツオドリ科《か》
生息地《せいそくち》 ガラパゴス諸島《しょとう》やアメリカ大陸西岸《たいりくせいがん》
抱卵期間《ほうらんきかん》 6週間《しゅうかん》
産卵数《さんらんすう》 1～2個《こ》

待《ま》って〜！僕《ぼく》もイワシ食《た》べる〜！
はい、これが僕《ぼく》たちの青《あお》い脚《あし》の素《もと》だよ！
早《はや》く青《あお》くなりたい！

マーコールの赤《あか》ちゃんは面倒《めんどう》な角《つの》の運命《うんめい》から逃《のが》れられない

ペルシャ語《ご》で「野生《やせい》のヤギの王様《おうさま》」という意味《いみ》のマーコールは、最《もっと》も体《からだ》が大《おお》きいヤギの仲間《なかま》。特徴的《とくちょうてき》なオスの角《つの》はV字状《じじょう》にねじれ伸《の》び、伝説《でんせつ》のいきもののような神々《こうごう》しさ。ネジツノヤギという別名《べつめい》もありますが、マーコールのほうがお似合《にあ》いです。長《なが》いもので160㎝にもなるオスの角《つの》は毎年《まいとし》生《は》え変《か》わることはありません。一生《いっしょう》ねじねじと伸《の》び続《つづ》けるので重《おも》そうです。一《いっ》方《ぽう》、メスにも角《つの》は生《は》えていますが、小《ちい》さく脆《もろ》いので、頭突《ずつ》きで角《つの》が折《お》れたり、変《へん》な方向《ほうこう》に曲《ま》がったりするなどどんまいな角《つの》となっています。

もちろん、赤《あか》ちゃんは角《つの》がない状態《じょうたい》で生《う》まれてきます。ですが、オスに生《う》まれても、メスに生《う》まれても「ねじれ続《つづ》ける重《おも》い角《つの》」か「すぐ折《お》れる脆《もろ》い角《つの》」という究極《きゅうきょく》の二択《にたく》しか用意《ようい》されていないのです。

いきものデータ マーコール

- 学名《がくめい》 カプラ・ファルコネリ
- 分類《ぶんるい》 哺乳綱《ほにゅうこう》偶蹄目《ぐうていもく》ウシ科《か》
- 生息地《せいそくち》 ヒマラヤ山脈《さんみゃく》からカシミール地方《ちほう》
- 妊娠期間《にんしんきかん》 約《やく》168日《にち》
- 産仔数《さんしすう》 1頭《とう》

パパの角《つの》、伸《の》び続《つづ》けるとかやばいやつじゃん
ほーらほら、神《こう》々《ごう》しいだろう？

ハリモグラの赤《あか》ちゃんはずんぐりオッサン顔《がお》で生《う》まれる

背中《せなか》にハリネズミのような針《はり》を持《も》つハリモグラ。ネズミ？　モグラ？　と疑問《ぎもん》を持《も》ちますが、どちらでもありません。

正解《せいかい》は、卵《たまご》を産《う》むカモノハシの仲間《なかま》です。ハリモグラのママは、虫《むし》のようにやわらかい殻《から》の卵《たまご》を育児嚢《いくじのう》と呼《よ》ばれるお腹《なか》にある袋《ふくろ》に産《う》み落《お》とし、10日《とおか》くらい経《た》つと赤《あか》ちゃんが生《う》まれるのです。

ハリモグラの赤《あか》ちゃんは、生《う》まれたときは針《はり》や毛《け》がなくてツルツル。つるっパゲのおじさんのようです。どすんとしたフォルムは「おい、ビール持《も》ってこい！」とでも言《い》いそうな風貌《ふうぼう》。

ハリモグラには乳首《ちくび》がないため、お乳《ちち》が出《で》る乳腺《にゅうせん》を探《さが》してママのお腹《なか》にぴったり張《は》り付《つ》きます。3カ月後《げつご》、ママのお腹《なか》を傷《きず》つけないように、袋《ふくろ》を出《で》てから針《はり》が出始《ではじ》めるのです。うまくできていますね。

いきものデータ　ハリモグラ

学名《がくめい》　タキュグロッスス・アクレアトゥス

分類《ぶんるい》　哺乳綱単孔目《ほにゅうこうたんこうもく》カモノハシ科《か》

生息地《せいそくち》　オーストラリア、タスマニア島《とう》、ニューギニア島《とう》

抱卵期間《ほうらんきかん》　10日《か》

産卵数《さんらんすう》　1個《こ》

れっきとした
私《わたし》のベイビーちゃんよ
え？　新生児《しんせいじ》よ

茶《ちゃ》、持《も》ってこい
茶
ドカッ

プーズーの赤《あか》ちゃんは生《せい》後《ご》2カ月《げつ》間《かん》はほぼイノシシ

世界最小《せかいさいしょう》のシカ、プーズー。耳慣《みみな》れない「プーズー」というかわいい名前《なまえ》は、南《みなみ》アメリカの先住民族《せんじゅうみんぞく》・マプチェ族《ぞく》の言葉《ことば》で、「小《ちい》さいシカ」という意味《いみ》です。そのまんまでした。

プーズーの赤《あか》ちゃんは体長約《たいちょうやく》25cm、体重《たいじゅう》は約《やく》800gというコンパクトなサイズ感《かん》。**生《う》まれてから2カ月《げつ》くらいまでは背中《せなか》に白《しろ》い斑点模様《はんてんもよう》があるため、短《たん》足《そく》フォルムと相《あい》まり、シカというよりはイノシシにそっくり。**思《おも》わず、「うりんぼ（＝イノシシの子《こ》どもの愛称《あいしょう》）では？」と見間違《みまちが》えてしまうほどです。

赤《あか》ちゃんの頃《ころ》だけ斑点模様《はんてんもよう》がある理由《りゆう》は、カムフラージュ効《こう》果《か》だといわれています。**森《もり》にとけこみ、敵《てき》から見《み》つかりにくくするのです。**しかし、ここまでイノシシの赤《あか》ちゃんにそっくりだったら、本物《ほんもの》のイノシシにも見間違《みまちが》われちゃうかも⁉

いきものデータ　プーズー

学名《がくめい》　プドゥ・プダ

分類《ぶんるい》　哺乳綱偶蹄目《ほにゅうこうぐうていもく》シカ科《か》

生息地《せいそくち》　南《みなみ》アメリカ南部《なんぶ》

妊娠期間《にんしんきかん》　207〜223日《にち》

産仔数《さんしすう》　1頭《とう》

僕《ぼく》の仲間《なかま》？
イノシシの子《こ》ども
じーっ
プーズー
うちの子《こ》、うりんぼじゃ
ありませんからね！

ヘルパー？
なにそれ？
おいしいの？

今月《こんげつ》の
よちよちクラブ③

じつは、ママだけじゃない！お手伝《てつだ》いさんがいるどうぶつ

群《む》れ社会《しゃかい》を形成《けいせい》するいきものの多《おお》くは、実母《じつぼ》ではないヘルパーがいます。子孫《しそん》を残《のこ》そうとする本能《ほんのう》や群《む》れの中《なか》で生《い》き抜《ぬ》こうとするかけひきがおもしろい！

今更聞《いまさらき》けない！優位《ゆうい》のメスだけが子《こ》どもを産《う》む理由《りゆう》

社会性《しゃかいせい》の高《たか》い群《む》れで暮《く》らすみなさん。群《む》れの中《なか》での子育《こそだ》ては、「ヘルパー」の存在《そんざい》がありがたいですよね。

例《たと》えば、群《む》れの中《なか》で順位《じゅんい》がついていて〝優位《ゆうい》のメス〟以外《いがい》は子《こ》どもを産《う》むことができない場合《ばあい》。〝劣位《れつい》のメス〟たちは専属《せんぞく》ヘルパーとなり、優位《ゆうい》のメスの子《こ》育《そだ》てを手伝《てつだ》います。**獲《え》物《もの》の量《りょう》には限《かぎ》りがあるので、食物不足《しょくもつぶそく》を防《ふせ》ぐため全員《ぜんいん》で産《う》むことができない**のです。

また、哺乳類《ほにゅうるい》は、卵《らん》生《せい》の魚類《ぎょるい》などと比《くら》べて妊娠《にんしん》によるメスのエネルギーロスが大《おお》きいため、出産《しゅっさん》を最低限《さいていげん》にしているとも考《かんが》えられています。劣位《れつい》のメスはというと、喜《よろこ》んで手伝《てつだ》っているわけでもなく、群《む》れから追《お》い出《だ》されたら食《た》べものに困《こま》り、身《み》の安全《あんぜん》も守《まも》れないという不利《ふり》なことが多《おお》いため、「もうやるっきゃない！」という気持《きも》ちでやっている方《かた》が多《おお》いようです。

超女社会《ちょうおんなしゃかい》の群《む》れではママ友同士《ともどうし》での助《たす》け合《あ》いがマスト

また、メスのほうが強《つよ》い〝女社会《おんなしゃかい》〟で暮《く》らす方々《かたがた》の場合《ばあい》は、**頼《たよ》れる先《せん》輩《ぱい》ママとの交流《こうりゅう》や、ママ友《とも》との情報交換《じょうほうこうかん》などを頻《ひん》繁《ぱん》に行《おこな》っている**模様《もよう》。子《こ》育《そだ》てには助《たす》け合《あ》いが不可《ふか》欠《けつ》ですもんね！（よちよちクラブ編集部《へんしゅうぶ》）

CASE《ケース》 STUDY《スタディ》

いろいろなどうぶつのお手伝《てつだ》いさんの例《れい》をご紹介《しょうかい》します。
ママでも、お手伝《てつだ》いさんでも赤《あか》ちゃんへの愛《あい》には変《か》わりない！

年齢《ねんれい》や能力《のうりょく》を判断《はんだん》して、それに合《あ》った獲物《えもの》を与《あた》えて教育《きょういく》してます。だんだん成長《せいちょう》に合《あ》わせて、生《い》きた獲物《えもの》をそのまま与《あた》えるようにしていくのです（マンマミーアさん談《だん》）

ミーアキャットのヘルパーさん

マンマミーアさんの場合《ばあい》

教育担当《きょういくたんとう》のヘルパーが獲物《えもの》を殺《ころ》すか、動《うご》けないようにして、子《こ》どもたちに与《あた》えます。そして子《こ》どもたちは、獲物《えもの》の捕《と》らえ方《かた》や扱《あつか》い方《かた》を学《まな》ぶのです。

ブチハイエナのヘルパーさん

ブッチ〜さんの場合《ばあい》

ブチハイエナさんの子育《こそだ》ては共同《きょうどう》の保育場《ほいくじょう》で行《おこな》われ、授乳《じゅにゅう》は実《じつ》の母《はは》が担当《たんとう》。しかし、ママ同士《どうし》に肉親関係《にくしんかんけい》がある場合《ばあい》は子《こ》どもを交換《こうかん》して授乳《じゅにゅう》し助《たす》け合《あ》います。

え？　おっぱい？　ああ、ついでにあげてるのよ。群《む》れの子《こ》どもたちはみんなの子《こ》どもだからね。まあ、群《む》れ社会《しゃかい》も大変《たいへん》だけど、なんとかやってるよ（ブッチ〜さん談《だん》）

初出産《はつしゅっさん》で赤《あか》ちゃんの扱《あつか》い方《かた》が未熟《みじゅく》な新米《しんまい》ママを助《たす》けるときは私《わたし》たちみたいなおばさんの出番《でばん》。一人前《いちにんまえ》のママになってもらうためにサポートするの（ワオ子《こ》さん談《だん》）

ワオキツネザルのヘルパーさん

ワオ子《こ》さんの場合《ばあい》

母乳《ぼにゅう》が出《で》ない新米《しんまい》ママに代《か》わってベテランママがおっぱいを与《あた》えたり、子《こ》どもの世話《せわ》をしてあげたりと、ワオキツネザルのメス同士《どうし》で支《ささ》え合《あ》っています。

第《だい》4章《しょう》

生《う》まれてくれてありがとう!

生《う》まれ方《かた》がどんまいな赤《あか》ちゃん

どうぶつの赤《あか》ちゃんたちは生《う》まれ方《かた》も十匹《じゅっぴき》十《と》色《いろ》。
生《う》まれる前《まえ》も、生《う》まれた直後《ちょくご》も常《つね》に危険《きけん》と隣《とな》り合《あ》わせで、
大人《おとな》になるのも一苦労《ひとくろう》です。
でも、彼《かれ》らは必死《ひっし》に生《い》き抜《ぬ》きます。
どんまい、それでもがんばれ!

イヌの赤《あか》ちゃんは生《う》まれたときお耳《みみ》の穴《あな》がない!?

イヌは知能《ちのう》が高《たか》く、ペットとしてだけでなく、警察犬《けいさつけん》や盲導犬《もうどうけん》、猟犬《りょうけん》など、ヒトの生活《せいかつ》に欠《か》かせない存在《そんざい》です。生《う》まれたばかりのイヌの赤《あか》ちゃんは、生後《せいご》2週間《しゅうかん》くらいまで目《め》も耳《みみ》も閉《と》じていて、目《め》は見《み》えず、耳《みみ》も聞《き》こえません。耳《みみ》の穴《あな》がないのではなく、正確《せいかく》には耳《みみ》の穴《あな》が閉《と》じているということになりますね。

ただし、ヒトの1000～1億《おく》倍《ばい》ともいわれている嗅覚《きゅうかく》は赤《あか》ちゃんの頃《ころ》から健在《けんざい》。さらに、温度《おんど》も感《かん》じられるので、匂《にお》いと温《あたた》かさを頼《たよ》りにママのおっぱいをよたよたと探《さが》します。

ちなみに、生《う》まれたばかりの赤《あか》ちゃんは自分《じぶん》でうんこをすることもできません。そのため、ママがお尻《しり》の肛門《こうもん》まわりを舐《な》めてうんこを誘発《ゆうはつ》してあげます。賢《かしこ》いイメージのイヌですが、赤《あか》ちゃんの頃《ころ》はママなしではとても生《い》きていけないのです。

いきものデータ　イヌ

学名《がくめい》　カニス・ファミリアリス
分類《ぶんるい》　哺乳綱食肉目《ほにゅうこうしょくにくもく》イヌ科《か》
生息地《せいそくち》　世界中《せかいじゅう》
妊娠期間《にんしんきかん》　50～70日《にち》
産仔数《さんしすう》　3～12匹《ひき》

大丈夫《だいじょうぶ》よ、聞《き》こえるようになるから

耳《みみ》聞《き》こえん
聞《き》こえんよ
聞《き》こえん

カメレオンの赤《あか》ちゃんの人生最初《じんせいさいしょ》の変身《へんしん》が劇的《げきてき》に早《はや》すぎる

カメレオンの赤《あか》ちゃんは、生《う》まれたときはただの緑色《みどりいろ》なのに、一瞬《いっしゅん》でカメレオン柄《がら》に変《か》わります。「どうせ変《か》わるのなら最初《さいしょ》からカメレオン柄《がら》で生《う》まれてくればいいのに！」と思《おも》ってしまいますが、これはカメレオンの皮膚《ひふ》の特性《とくせい》によるもの。カメレオンの皮膚《ひふ》は透明《とうめい》で、奥《おく》にナノ結晶《けっしょう》という物質《ぶっしつ》がたくさんあり、それが光《ひかり》に反射《はんしゃ》して体《からだ》の色《いろ》が変化《へんか》するのです。

生《う》まれた瞬間《しゅんかん》の真《ま》緑色《みどりいろ》が本来《ほんらい》の色《いろ》。その直後《ちょくご》、防衛本能《ぼうえいほんのう》が働《はたら》き、カメレオン柄《がら》に変身《へんしん》するといえます。カメレオンのママは子《こ》どもを産《う》んだ直後《ちょくご》にどこかに行《い》ってしまい、子育《こそだ》てはしません。誰《だれ》も守《まも》ってくれないので、生《う》まれた瞬間《しゅんかん》から自分《じぶん》で自分《じぶん》を守《まも》るしかないのです。生《う》まれたばかりなのに自立《じりつ》できるなんて、たくましい。どんまい、それでもがんばれ！

いきものデータ　カメレオン

学名《がくめい》　カマエレオニダエ

分類《ぶんるい》　爬虫綱《はちゅうこう》有《ゆう》鱗目《りんもく》カメレオン科《か》

生息地《せいそくち》　サハラ砂漠《さばく》を除《のぞ》くアフリカ大陸《たいりく》、アラビア半島南部《はんとうなんぶ》、インド、スリランカ、パキスタン、マダガスカル

孵化日数《ふかにっすう》　普通《ふつう》5～7カ月《げつ》

産卵数《さんらんすう》　普通《ふつう》17～80個《こ》

卵《たまご》
ムクッ
よっこらせっと
変身《へんしん》、早《はや》いでしょ？
すごいでしょ？

カモノハシガエルの赤《あか》ちゃんはママの胃《い》の中《なか》で生《う》まれて育《そだ》つ

「イブクロコモリガエル」の別名《べつめい》を持《も》つカモノハシガエル。というのも、**メスが産《う》んだ卵《たまご》を胃《い》の中《なか》で育《そだ》て、口《くち》から出産《しゅっさん》する（吐《は》き出《だ》す）**という珍《めずら》しいカエルだからです。「胃《い》の中《なか》に入《い》れたら消化《しょうか》されてしまうのでは？」と思《おも》いますが、**ママは卵《たまご》を飲《の》み込《こ》むと絶食《ぜっしょく》して胃液《いえき》が出《で》ないようにします**。なんたる努力《どりょく》！　胃《い》は即席《そくせき》の子宮《しきゅう》となるのです。しかも胃《い》の中《なか》で孵《かえ》った**オタマジャクシが、胃液《いえき》に溶《と》かされないための化学物質《かがくぶっしつ》も分泌《ぶんぴつ》**します。

　こうして卵《たまご》を飲《の》み込《こ》んでから6～7週間後《しゅうかんご》にはカエルとなった我《わ》が子《こ》を吐《は》き出《だ》します。子《こ》を守《まも》るために胃《い》で育《そだ》てるという発想力《はっそうりょく》、1カ月半近《げつはんちか》くも絶食《ぜっしょく》するママの努力《どりょく》は半端《はんぱ》ありません。

　しかし、その努力《どりょく》も虚《むな》しく1980年代《ねんだい》にこのカエルは絶滅《ぜつめつ》。今《いま》、再生計画《さいせいけいかく》が進行中《しんこうちゅう》です。カモノハシガエル、待《ま》ってるよ！

いきものデータ　カモノハシガエル

- 学名《がくめい》　レオバトゥラクス・シルス
- 分類《ぶんるい》　両生綱無尾目《りょうせいこうむびもく》カメガエル科《か》
- 生息地《せいそくち》　絶滅種《ぜつめつしゅ》
- 抱卵期間《ほうらんきかん》　6～7週間《しゅうかん》（胃《い》の中《なか》）
- 産卵数《さんらんすう》　18～25個《こ》

I will be back!!
“必《かなら》ず戻《もど》るぜ！”
ママの口《くち》の中《なか》が一番《いちばん》
安心《あんしん》なんだよね！

ウシの赤《あか》ちゃんは満月《まんげつ》の夜《よる》によく生《う》まれる!?

古《ふる》くから「満月《まんげつ》の夜《よる》になると出産《しゅっさん》が増《ふ》える」という言《い》い伝《つた》えがあります。そこで、東京大学《とうきょうだいがく》大学院《だいがくいん》の研究者《けんきゅうしゃ》らがウシをモデルに検証《けんしょう》（※）を行《おこな》いました。428頭《とう》のウシの出産日《しゅっさんび》と、月《つき》の満《み》ち欠《か》けの度合《どあ》いを表《あらわ》した月齢《げつれい》の関係《かんけい》を調《しら》べたところ、確《たし》かに満月前《まんげつまえ》から満月《まんげつ》にかけての3日間《かかん》は、統計学的《とうけいがくてき》にウシの出産《しゅっさん》の増加《ぞうか》が認《みと》められるほどの結果《けっか》が出《で》たといいます。神秘的《しんぴてき》な言《い》い伝《つた》えは本当《ほんとう》だったのです!

まだそのメカニズムはわかっていませんが、魚介類《ぎょかいるい》には潮《しお》の干満《かんまん》の差《さ》が大《おお》きい大潮《おおしお》の満潮《まんちょう》（満月《まんげつ》）のときに卵《たまご》を産《う》む種類《しゅるい》が確認《かくにん》されています。このときに産《う》むと潮《しお》に乗《の》って卵《たまご》が沖《おき》に運《はこ》ばれるので、子孫《しそん》が生《い》き残《のこ》る確率《かくりつ》が高《たか》いのです。もしかするとこれらの遺伝子《いでんし》がウシやヒトにも残《のこ》っているのかもしれません。月《つき》の影響《えいきょう》は計《はか》り知《し》れません。

いきものデータ ウシ

学名《がくめい》 ボス・タウルス

分類《ぶんるい》 哺乳綱偶蹄目《ほにゅうこうぐうていもく》ウシ科《か》

生息地《せいそくち》 世界中《せかいじゅう》

妊娠期間《にんしんきかん》 280日《にち》

産仔数《さんしすう》 1頭《とう》

※東京大学大学院《とうきょうだいがくだいがくいん》と北里大学《きたさとだいがく》の研究者《けんきゅうしゃ》の研究結果《けんきゅうけっか》より

ウモオオオ!
モウ
神《しん》秘《ぴ》だウモオオオオオオオオオオオ!
モウ!

キングコブラの赤《あか》ちゃんは生《う》まれてもママに絶対会《ぜったいあ》えない

ヘビの中《なか》で唯一《ゆいいつ》巣作《すづく》りをし、巣《す》に20～50個《こ》ほど卵《たまご》を産《う》むキングコブラ。卵《たまご》が孵《かえ》るまでの60～80日間《にちかん》、メスは巣《す》のまわりにとぐろを巻《ま》いて卵《たまご》を守《まも》るという意《い》外《がい》と子煩悩《こぼんのう》な一面《いちめん》があります。キングコブラはほかの種類《しゅるい》のヘビやトカゲなどを食《た》べるのですが、キングコブラ同士《どうし》の共食《ともぐ》いも確認《かくにん》されているため、ママはほかのオスをはじめとする敵《てき》から卵《たまご》を守《まも》るのです。

しかし、卵《たまご》が孵《かえ》る直前《ちょくぜん》になると、ママは巣《す》を去《さ》ってしまいます。子どもたちが卵《たまご》のうちはホルモンの影響《えいきょう》で〝守《まも》る〟という行動《こうどう》をとりますが、生《う》まれてヘビの姿《すがた》となった我《わ》が子《こ》を見《み》ると本能的《ほんのうてき》に食《た》べてしまうので姿《すがた》を消《け》すのでしょう。赤《あか》ちゃんは実《じつ》の母《はは》から食《た》べられることは免《まぬが》れられても、ママに会《あ》えることは絶対《ぜったい》にないのです。うーん、どんまい！

いきものデータ キングコブラ

学名《がくめい》 オフィオファグス・ハナー
分類《ぶんるい》 爬虫綱有鱗目《はちゅうこうゆうりんもく》コブラ科《か》
生息地《せいそくち》 インド東部《とうぶ》、インドネシア、やカンボジアなどの東南《とうなん》アジア
抱卵期間《ほうらんきかん》 60～80日《にち》
産卵数《さんらんすう》 20～50個《こ》

がんばれ、我《わ》が息子《むすこ》たちよ!強《つよ》く生《い》きるんだぞ
あれれ?ママがいないよ?

オポッサムの赤《あか》ちゃんは兄弟《きょうだい》が多《おお》すぎておっぱいの数《かず》が間《ま》に合《あ》ってない

見《み》た目《め》がネズミに似《に》ていますが、カンガルーと同《おな》じお腹《なか》の育《いく》児嚢《じのう》という袋《ふくろ》で子育《こそだ》てをする有《ゆう》袋類《たいるい》の仲間《なかま》です。オポッサムの妊娠期間《にんしんきかん》は12〜14日間《にちかん》と哺乳類《ほにゅうるい》の中《なか》で最短《さいたん》。しかも、一度《いちど》に8〜18頭《とう》の赤《あか》ちゃんを産《う》みます。早《はや》いペースでたくさん産《う》むことで、少《すこ》しでも多《おお》くの子孫《しそん》を残《のこ》そうというわけです。ただし、たくさんの兄弟《きょうだい》が全員生《ぜんいんい》き残《のこ》れるのは稀《まれ》なこと。赤《あか》ちゃんは生《う》まれた順《じゅん》に育児嚢《いくじのう》に入《はい》り、その中《なか》の乳頭《にゅうとう》に吸《す》い付《つ》くのですが、乳《ち》首《くび》の数《かず》は13個《こ》だけ。それ以上《いじょう》生《う》まれた場合《ばあい》は、明《あき》らかにおっぱいの数《かず》が足《た》りなくなり、せっかく生《う》まれたのに死《し》ぬ運命《うんめい》です。

乳首争奪戦《ちくびそうだつせん》を勝《か》ち抜《ぬ》いた赤《あか》ちゃんは、約《やく》10週間《しゅうかん》で育児嚢《いくじのう》から出《で》ると、ママの背中《せなか》にしがみついて移動《いどう》します。落《お》ちないようにわいわいがやがや兄弟《きょうだい》みんなでひっつくのです。

いきものデータ オポッサム

- 学名《がくめい》 ディデルフィス
- 分類《ぶんるい》 哺乳綱《ほにゅうこう》オポッサム目《もく》オポッサム科《か》
- 生息地《せいそくち》 アメリカ大陸《たいりく》
- 妊娠期間《にんしんきかん》 12〜14日《にち》
- 産仔数《さんしすう》 8〜18頭《とう》

みんな、落《お》ちないようにね！
しっかりつかまってね
がやがや
わいわい

カーディナルフィッシュの赤《あか》ちゃんはパパの口《くち》の中《なか》で生《う》まれて育《そだ》つ

地中海《ちちゅうかい》とその周辺《しゅうへん》の西大西洋《にしたいせいよう》の浅《あさ》い岩場《いわば》にいるカーディナルフィッシュ。この魚《さかな》は繁殖期《はんしょくき》の夏《なつ》になると、仲良《なかよ》くペアで過《す》ごすようになります。そして、メスが産《う》み落《お》とした卵《たまご》のかたまりをオスが口《くち》でキャッチ！　一瞬《いっしゅん》、食《た》べてしまったのかとびっくりしますが、彼《かれ》らはマウスブルーダー（口内保育魚《こうないほいくぎょ》）といって、卵《たまご》が孵《かえ》るまで口《くち》の中《なか》で育《そだ》てる珍《めずら》しい生態《せいたい》を持《も》つ魚《さかな》なのです。小《ちい》さく無防備《むぼうび》な卵《たまご》は、ほかの魚《さかな》に食《た》べられやすいので、パパの口《くち》の中《なか》で生《う》まれます。ここが何《なに》より、安心安全《あんしんあんぜん》な場所《ばしょ》なのです。

お気《き》づきの通《とお》り、口《くち》に卵《たまご》を入《い》れている間《あいだ》、パパは何《なに》も食《た》べられません。カーディナルフィッシュは元来《がんらい》、小《ちい》さなエビやカニの仲間《なかま》、ほかの魚《さかな》の卵《たまご》や稚魚《ちぎょ》などを食《た》べるので、自分《じぶん》の子《こ》を食《た》べないのはある意味不思議《いみふしぎ》といえます。

いきものデータ　カーディナルフィッシュ

学名《がくめい》	プテラポゴン・カウデルニ
分類《ぶんるい》	条鰭綱《じょうきこう》スズキ目《もく》テンジクダイ科《か》
生息地《せいそくち》	インド洋《よう》から太平洋《たいへいよう》
孵化日数《ふかにっすう》	約《やく》1週間《しゅうかん》
産卵数《さんらんすう》	普通《ふつう》20〜30個《こ》

俺《おれ》ってば、
超《ちょう》イクメンだぜ～！
ねえ、さっき怖《こわ》いやつ見《み》なかった？
あ、いたいた！
やっぱりパパの口《くち》の中《なか》が安全《あんぜん》だね

イトヨの赤《あか》ちゃんはパパが作《つく》ったベトベトの巣《す》の中《なか》で生《う》まれる

イトヨのパパは巣《す》を作《つく》り、子《こ》が巣離《すばな》れするまでつきっきりで世話《せわ》をするイクメン魚《さかな》。腎臓《じんぞう》から分泌《ぶんぴつ》されるベトベトの粘液《ねんえき》で水草《みずくさ》の切《き》れ端《はし》を固《かた》めて巣《す》を作《つく》り、1匹《ぴき》が通《とお》れるトンネルを作《つく》ります。文字通《もじどお》り愛《あい》の巣《す》ができてからメスに求愛《きゅうあい》し、産卵《さんらん》してもらうのです。

しかし、その後《あと》はなぜかママを早々《そうそう》に追《お》っ払《ぱら》い、イクメンライフを開始《かいし》。ママは出産《しゅっさん》して巣《す》から追放《ついほう》された後《あと》死《し》んでしまうことが多《おお》く、シングルファザーとして子《こ》どもたちを育《そだ》てるのです。胸《むな》ビレを動《うご》かし、巣《す》の中《なか》の卵《たまご》に新鮮《しんせん》な水《みず》を送《おく》り込《こ》むファニングをしたり、ベトベトの巣《す》の修復《しゅうふく》をしたりと大忙《おおいそが》し。少々《しょうしょう》ベトつきが気《き》になりますが、子《こ》どもたちにとってはこれ以上《いじょう》の安《あん》全《ぜん》はありません。しかし、少《すこ》し目《め》を離《はな》した隙《すき》に、卵《たまご》を食《た》べられてしまうこともあるそうです。

いきものデータ　イトヨ

学名《がくめい》　ガステロステウス・アクレアトゥス

分類《ぶんるい》　条鰭綱《じょうきこう》トゲウオ目《もく》トゲウオ科《か》

生息地《せいそくち》　北半球《きたはんきゅう》の亜寒帯《あかんたい》、日本《にっぽん》

抱卵期間《ほうらんきかん》　7～8日《にち》

産卵数《さんらんすう》　40～300個《こ》

みんなすくすくと元気《げんき》に立派《りっぱ》に育《そだ》つのよ!
パパいつもありがと〜
ベトベトですまんな

ハリネズミの赤《あか》ちゃんは生《う》まれたとき背中《せなか》に100本《ぽん》針《はり》が仕《し》込《こ》まれている

背中《せなか》にトゲが無数《むすう》に生《は》えているハリネズミ。名前《なまえ》に「ネズミ」とついていますが、ネズミではなくモグラの親戚《しんせき》です。

じつは、ハリネズミの赤《あか》ちゃんは生《う》まれたとき、すでに背中《せなか》に100本《ぽん》ほどのトゲが埋《う》まっています。トゲのフル装備《そうび》によって「ママの産道《さんどう》は傷《きず》だらけになってしまうのでは？」と心配《しんぱい》になりますが、ウシやイヌ、ネコのように羊水《ようすい》が入《はい》った羊膜《ようまく》に包《つつ》まれてとうるんと生《う》まれてくるのでノープロブレム。しかもトゲは皮膚《ひふ》の表面《ひょうめん》ではなく、皮《ひ》膚《ふ》のすぐ下《した》に埋《うず》もれています。生後《せいご》1時間《じかん》もしないうちにだんだん浮《う》き出《で》て、1日《にち》経《た》つと白《しろ》くてやわらかいトゲに！　トゲは毛《け》が硬《かた》く変化《へんか》したものなので、最初《さいしょ》はやわらかい状態《じょうたい》からスタートし、成長《せいちょう》とともに親《おや》と同《おな》じようなトゲになっていきます。マジックショーみたいですね。

いきものデータ　ハリネズミ

学名《がくめい》	エリナケウス・エウロパエウス
分類《ぶんるい》	哺乳綱《ほにゅうこう》ハリネズミ目《もく》ハリネズミ科《か》
生息地《せいそくち》	ヨーロッパ、中近東《ちゅうきんとう》、東《ひがし》アジアなど
妊娠期間《にんしんきかん》	約《やく》35日《にち》
産仔数《さんしすう》	3～4匹《ひき》、時《とき》に11匹《ぴき》

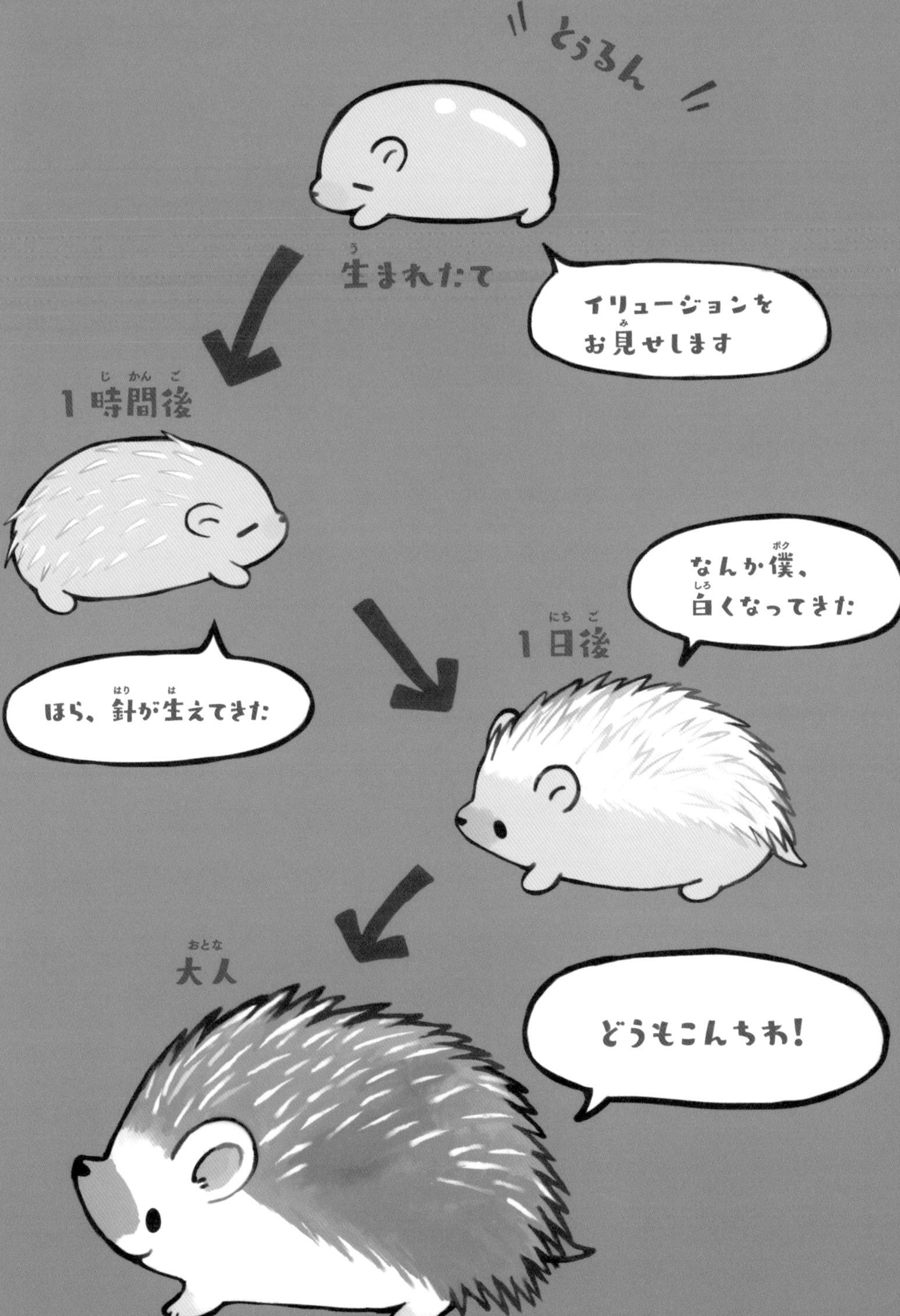

とぅるん
生《う》まれたて
イリュージョンを
お見《み》せします
1時間後《じかんご》
ほら、針《はり》が生《は》えてきた
1日後《にちご》
なんか僕《ボク》、
白《しろ》くなってきた
大人《おとな》
どうもこんちわ!

ウミガメの赤《あか》ちゃんはテンションアゲアゲのまま海《うみ》へ向《む》かう

ママが砂浜《すなはま》に穴《あな》を掘《ほ》って卵《たまご》を100個《こ》ほど産《う》み、2カ月《げつ》くらいで卵《たまご》から子《こ》ガメたちが孵《かえ》ります。産卵《さんらん》のときにママが涙《なみだ》を流《なが》しますが余分《よぶん》な塩分《えんぶん》を目《め》から出《だ》しているだけなので、痛《いた》いわけでも悲《かな》しいわけでもありません。特《とく》に幻想的《げんそうてき》ではないのです。

海《うみ》に向《む》かう子《こ》ガメたちですが、このとき彼《かれ》らがブチアゲハイテンション状態《じょうたい》ということを知《し》っていますか？ 彼《かれ》らは「やっぺ！早《はや》く海《うみ》の中《なか》へ行《い》かなきゃ！」とばかりにひたすら海《うみ》に向《む》かい、約《やく》2日《か》間《かん》飲《の》まず食《く》わずで沖《おき》へ泳《およ》ぎ続《つづ》けます。これはフレンジーという行動《こうどう》。子《こ》ガメのほとんどがカモメなどの外敵《がいてき》に食《た》べられてしまい、大人《おとな》になれるのはほんのわずか。だから、危険《きけん》が多《おお》い陸《りく》から早《はや》く離《はな》れようとするのです。無理《むり》にでもテンションを上《あ》げていかないと生《い》き残《のこ》れないのかもしれませんね。

いきものデータ ウミガメ

- 学名《がくめい》 ケロニオイデア
- 分類《ぶんるい》 爬虫綱《はちゅうこう》カメ目《もく》ウミガメ上科《じょうか》
- 生息地《せいそくち》 熱帯《ねったい》から亜熱帯《あねったい》の地域《ちいき》
- 孵化日数《ふかにっすう》 約《やく》2カ月《げつ》
- 産卵数《さんらんすう》 約《やく》100個《こ》

アゲアゲ だぜ〜！
ひゅー！ 海《うみ》だ！
ウェーイ！ 沖《おき》だ！
海《うみ》に行《い》くぜ〜
い、急《いそ》がねば！

さくいん

僕《ぼく》たちのどんまいなエピソード
どうだった？

僕《ぼく》たちが毎日《まいにち》必死《ひっし》に生《い》きて
いることわかってくれたかな？

もしかしたら、みんなから見《み》ると

「おマヌケでおもしろ～い！」って
思《おも》っちゃうかもしれないけど

僕《ぼく》らはいつも必死《ひっし》で生《い》き抜《ぬ》こうと
しているんだ

だから、僕《ぼく》らのこと見《み》つけたら

どんまい！
それでもがんばれ！
って応援《おうえん》してくれると嬉《うれ》しいな！

またどこかで会《あ》おうね！ バイバイ！

【監修者】

今泉忠明（いまいずみ・ただあき）

哺乳類動物学者。1944年、東京都生まれ。東京水産大学（現・東京海洋大学）卒業。国立科学博物館で哺乳類の分類学・生態学を学ぶ。文部省（現・文部科学省）の国際生物学事業計画（IBP）調査、環境庁（現・環境省）のイリオモテヤマネコの生態調査などに参加する。上野動物園の動物解説員、静岡県の「ねこの博物館」館長。主な近著・監修書に『それでもがんばる！　どんまいないきもの図鑑』（宝島社）、『おもしろい！　進化のふしぎ ざんねんないきもの事典』（高橋書店）、『泣けるいきもの図鑑』（学研プラス）、『恋するいきもの図鑑』（カンゼン）などがある。

【STAFF】

［イラスト］　鮎
（P14、P20、P24、P28、P30、P34、P36、P40、P42、P48、P52、P62、P64、P74、P80、P84、P88、P92、P96、P98、P100、P106、P110、P112、P120、P124）
かなンボ
（P16、P18、P22、P26、P32、P38、P44、P45、P50、P54、P56、P58、P60、P66、P68、P70、P72、P77、P82、P86、P90、P94、P103、P108、P114、P116、P118、P122）

［装丁・デザイン］　粟村佳苗（NARTI;S）

［DTP］　ALPHAVILLE DESIGN

［文］　手塚よし子（ポンプラボ）

［編集］　宮本香菜、佐々木幸香

それでもがんばる！

どんまいな赤ちゃんどうぶつ図鑑

2018年9月19日　第1刷発行
2020年9月15日　第3刷発行

［監　修］　今泉忠明

［発行人］　蓮見清一

［発行所］　株式会社宝島社
〒102-8388　東京都千代田区一番町25番地
TEL:03-3234-4621（営業）　03-3239-0599（編集）
https://tkj.jp

［印刷・製本］　サンケイ総合印刷株式会社

ISBN 978-4-8002-8673-4